建学丛书之十四

可感知的绿色建筑

研究与实践

陈峥嵘　于天赤　鲍　冈　主编

U0172449

中国建筑工业出版社

图书在版编目（CIP）数据

可感知的绿色建筑研究与实践 / 陈峥嵘，于天赤，鲍冈主编 . —北京：中国建筑工业出版社，2021.12
（建学丛书；十四）
ISBN 978-7-112-26750-7

Ⅰ．①可…　Ⅱ．①陈…②于…③鲍…　Ⅲ．①生态建筑—研究—中国　Ⅳ．①TU-023

中国版本图书馆 CIP 数据核字（2021）第 211276 号

责任编辑：赵　莉　王　跃
责任校对：赵听雨

建学丛书之十四
可感知的绿色建筑研究与实践
陈峥嵘　于天赤　鲍　冈　主编
*
中国建筑工业出版社出版、发行（北京海淀三里河路9号）
各地新华书店、建筑书店经销
北京雅盈中佳图文设计公司制版
临西县阅读时光印刷有限公司印刷
*
开本：787 毫米 ×1092 毫米　1/16　印张：$10^{3}/_{4}$　字数：334 千字
2021 年 12 月第一版　2021 年 12 月第一次印刷
定价：**125.00** 元
ISBN 978-7-112-26750-7
　　（38582）

序 (一)

似乎刚刚读罢，去年由于天赤和鲍冈两位总建筑师主编的建学丛书之十三《绿色校园规划设计》没多久，近日冯康曾老总又给我发来了由陈峥嵘、于天赤、鲍冈同志主编的建学丛书之十四《可感知的绿色建筑研究与实践》即将付梓的书稿，实是惊喜和钦佩有加，同时也深感荣幸赐予鄙人以先读为快的机会！

建学建筑与工程设计所始建于1988年，一直秉持"小而精"的匠心精神，从事建筑与工程的创作设计与咨询服务，以应社会之所需。

实际上，建学是一个"美美与共"和"抱团取暖"，互助合作，从事建筑与工程创作和咨询服务的"工作平台"。建学总部设在北京，沿珠三角、长三角、渤海湾及西部地区，在北京、广州、深圳、上海、杭州、南京、天津、西安、海南和沈阳十个城市，均分别设有连锁店式的建学分公司。

守正创新是建学的立业之道。求生存，我们必须努力工作，谋发展，我们更需要创造性地劳动。

多年来，建学总部除了抓紧做好全局性工作外，建学大量的日常工作，主要由各分公司自主负责完成，建学总部对前沿性技术的学习和引进，以及对相关技术法规的学习均十分重视；对参与行业技术法规制定或原有法规的修订工作，尤为关注，必要时总部还会直接协调从全公司中遴选最合适人员参与其中。

正是建学以严谨态度求索，厚积薄发之道做事、做学问，并以跬步千里，持之以恒的决心和同舟共济，众志成城的精神，不断取得了如此难能可贵的发展和进步！

建学创建伊始，就比较重视自身工作实践经验的积累，同时也十分重视对以新技术、新工艺和新思维创作而成的工程案例争相学习和互相探讨。

因此，三十多年来，建学能一直持续坚持集建学众人之智慧和经验出版这套可以称为"推陈出新，源远流长"的建学丛书，它在一定程度上反映和记录了建学发展进步的历史进程。这确实是一项十分难能可贵的"软资产"，令人倾心钦佩和无穷"回味"！据本人看来，能够如此这般地做到这样的程度和如此水平的工作，这在我们同行业中，恐怕也是比较难得的佼佼者。

此次即将付印出版的建学丛书之十四，主题是绿色建筑，它由建学的各位同仁通过不同的工程和项目作为载体，来呈献、演绎和介绍自己对绿色建筑的新思考和新认知后所完成的新"产品"，也即是本丛书所刊载之论文。这表明建学同仁对绿色建筑都有所悟，各有所为，这本建学丛书洋洋洒洒几十万字的大作都是我们建学同仁们共同付出辛劳的结晶。对此我们深表感谢和敬意。并敬请业内相关人士赐教、讨论与参阅。应邀谈些感受和期许，是为之序也！

许溶烈

2021年9月9日于北京

序（二）

自 2020 年 9 月国家主席习近平在第七十五届联合国大会一般性辩论上提出 "二氧化碳排放力争于 2030 年前达到峰值，努力争取 2060 年前实现碳中和"。2020 年中央经济工作会议将 "做好碳达峰、碳中和工作" 作为今后一项重点任务。2021 年的政府工作报告明确提出，要 "扎实做好碳达峰、碳中和各项工作" "制定 2030 年前碳排放达峰行动方案"。这是我国党和政府向绿色低碳进军发出的伟大号召，也是中国政府向世界人民的庄严承诺。

对中国建筑产业评价绿色建筑优劣程度，理应随着技术手段的发展，开始由定性逐步做到定量。在本人看来，目前国内外评选建筑绿色（星级）标准的做法，似尽早应从定性逐步发展到定量。绿色建筑的可感知度，确实是因人而异的定性，很难用数字来表示可感知的度。特别是于天赤、郑懿的《可感知的绿色建筑价值及应用研究》一文，鉴于当下绿色建筑侧重于建筑物理性能表现，采用严格的定量方法进行评定，忽略了基于使用者感知的主观评价现状，作者从可感知角度出发，通过对国内外文献调研提炼出六大可感知项：采光、通风、声音、资源、绿化、友好，并据此提出了可感知绿色建筑可量化指标体系。这对营造和评价绿色建筑功效，是值得重视和思考的新思路和新举措。

本书绝大部分的文章，均通过在不同规模和不同用途的单体建筑或建筑群（组合）的创作中运用不同手段和方法，以实现绿色建筑效果的最优化或最大化。其中由陈峥嵘撰写的《可感知的绿色校园——中法航空大学创作心得》一文，详细阐述了体量厚重，规模巨大，坐落于 "世界非遗" 良渚之畔、"人间天堂" 的大杭州市内，将由中法合作创建的国际一流航空大学，据此作者对良渚文化、现代航空、绿色建筑、消隐、融合、转译等手法、技巧在创作过程中演绎和运用状况作了概括的介绍，应当说它的内容是十分丰富的，是颇具新意的规划方案，且经多轮评审，最终以第一名中标，这是非常值得称道的大事。

本书，首次刊载如此多篇关于城市社区改建并同时增建的规划设计项目的文章，这当然是好事，但通常这类项目也是非常复杂难做的，前者因为此乃为民所期盼的大事，后者则是需要多方沟通和利益协调、不容易做好做圆满的事。正因为如此，本人认为从目前多数地区的情况来看，我们更应该对城市社区提质增效的改建扩建给予更大的投入与支持。

纵观全书，本人特别推荐以下三篇文章：1. 田山明、董小海的《被动式建筑室内舒适度技术解决方案——可感知与可量化的绿色建筑》；2. 陈峥嵘的《社区共享智慧装置：零排放木盒子》；3. 陈敏、陈萧羽、王龙岩的《可感知的木结构低碳建筑——富春湾新城未来城市体验馆》。我认为这是实施绿色建筑三个成功的案例。本人认为对第一篇文章，通过若干年度的实际测试记录说明在当地这座建筑，冬天无需采暖，夏天不用空调，人们是可以正常生活和工作的。第二篇文章，是利用光伏实现能源自给小型空间模块化案例，均为无碳排放案例。至于陈敏、陈萧羽、王龙岩的《可感知的木结构低碳建筑——富春湾新城未来城市体验馆》一文，详细介绍了创作构思、建筑造型、材料选用和体现绿色建筑减碳低碳的手段和措施。

许溶烈
2021 年 9 月 10 日于北京

目录

一、可感知的未来社区

二、可感知的绿色建筑

一、可感知的未来社区

1

◇ 望江未来社区创建规划思路

陈峥嵘　陈萧羽

摘　要: 以未来社区"感知度"作为衡量未来社区成功与否的重要因素,通过参与杭州望江的创建策划,在项目实践中探索: 城市、社区、居民彼此之间的感知关联,探索一条未来社区发展之路。

关键词: 未来社区,感知度,九大场景,新坊巷街区,立体街巷,立体花园,立体联接

目前全球低碳化发展趋势明显,我国也明确把低碳作为我国发展的国策。2020 年 9 月 22 日,在第 75 届联合国大会一般性辩论中,中国提出"将提高国家自主贡献力度,采取更加有力的政策和措施,CO_2 排放力争 2030 年前达到峰值,努力争取 2060 年前实现碳中和"。这标志着中国正式做出碳中和承诺,全面提升长期减排行动力度,对中国社会经济发展和应对气候变化都具有重要意义。

绿色建筑已经发展到了一个新的阶段,人们开始向往舒适、健康、安全、界面友好的绿色建筑,空气、水、噪声、碳耗等成为主宰生活品质的关键,可感知、可互动、可度量的绿色建筑将成为趋势。随着我国经济发展从高速增长转向高质量发展,人们越来越关注生存环境的改善,而绿色建筑将不再是拉动基建或政绩需要的形式,而是将给未来人们生活带来本质变化的必要手段。

目前我国绿色建筑发展已经步入普众时代,同样面临一系列的瓶颈难题: 北方地区如何彻底摆脱因建筑采暖带来的雾霾天气? 冬冷夏热地区如何实现冬季采暖? 南方地区在酷热季节如何实现自然通风? 沿海地区如何能够在潮湿的季节实现干爽舒适? 老人孩子怎样能够享受安全、高品质的室内空气环境? ……未来城市倡导基于 CIM 技术平台的绿色建筑体系,通过数字孪生技术将绿色建筑与互联网、物联网、云计算、大数据相连接,可以大幅提高绿色建筑的感知度,提升建筑节能、节水、节材、降低温室气体排放的实效,使未来的建筑更加生态和友好。

社区是组成城市的细胞,是反映城市文化的缩影,是构成城市生存空间的主要场域。如果未来城市发展都是独立的"生命体",除了有独立的大脑和神经中枢系统外,社区就是代表城市感知的"触角",因此社区既是未来城市提升治理感知度的基本单元,也是市民获得幸福感提升的重要场所。

近年来,随着现代城市的发展从数字化到智能化再到智慧化进化,借助于大数据、云计算、人工智能等科技使智慧城市得到飞速发展,"未来社区"这一概念成为实现智慧城市的主要手段。那么"未来社区"到底是什么呢? 通俗地讲,"未来社区"是以满足人民美好生活向往为根本目的,围绕社区全生活链服务需求,以人本化、生态化、数字化为价值导向,以和睦共治、绿色集约、智慧共享为基本内涵,突出高品质生活主轴,构建的一个归属感、舒适感和未来感的新型城市功能单元。

"以人为本"是未来社区的核心思想,未来社区提倡的城市界面是友好、健康、绿色、和谐的,对于城市而言,未来社区是实现智慧管理的重要感知单元;对于市民而言,未来社区是实现幸福生活的重要载体。未来社区感知度可以说是全方位的,涵盖了以未来邻里关系、教育、健康、创业、建筑、交通、能源、服务和治理等众多场景创新为引领的新型城市功能单元。某种意义来说,"感知度"的完善是决定未来社区成功与否的重要因素。

2019年浙江省率先启动首批未来社区省级试点,目的是通过试点项目探索未来社区发展方向,形成可量化、可评估的标准体系。未来社区经过三年的试点申报,历经三批共一百多个未来社区成功创建经验,基本摸索出一条未来社区的创建之道,形成了一套包含创建、设计、建设、验收体系的初步标准。

位于杭州上城区"皇城根下"的望江社区是第一批试点的未来社区,也是最早启动创建研究的未来社区,属于改造重建类,具有典型的示范意义。

1 项目背景

上城望江社区位于杭州上城区望江门外,西邻杭州城站;处在西湖与钱江、南宋皇城遗址与钱江新城的交汇处,是连接杭城的西湖与钱江、历史与未来的"未来之桥",区域位置非常重要(图1)。上城望江社区是南宋"皇城根下"、杭州城站东部的老旧小区集中区块,历史悠久,文化独特且厚重。目前正面临阶层分离,环境恶化,活力缺失等发展难题,城市居民改造愿望迫切。项目所在的杭州上城区望江区块,未来将规划建设成望江金融科技城和展现杭州形象的国际会客厅。迫切需要尽快启动试点项目建设,以促进区域的整体发展。

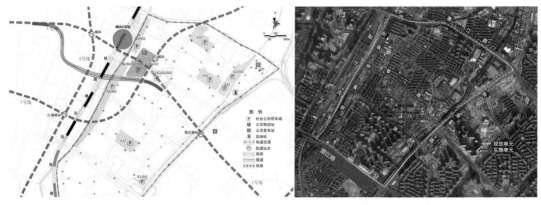

图1 项目交通区位(左)与现状卫星图(右)

2 项目意义

1)改善城市居民生活品质的民生意义。

项目实施将极大改善与提升3000多户、近万名城市居民的生活居住环境,满足居民对美好生活的向往。

2)激活、促进本项目和周边区域整体发展的发展意义。

该项目的实施,建设创新型的未来社区,为杭港高端服务业示范区提供高品质的生活居住和服务配套功能;同时建设近千套人才公寓,为本地区吸引、集聚大量的各类精英人才;既高品质地提升自身的发展,又强力激活整个金融科技城的建设发展,促进杭州市实施拥江发展,建设钱塘江金融港湾的战略发展。

3）多元、多维的创新意义。

未来社区是一个多元素高度复合的课题，项目将以新旧居民多元共生、生态宜居系统复合、创新业态活力融合的三重复合为价值维度，从未来城市形态、未来社区生活方式、城市产业经济发展、城市文化承扬与重构、城市社会治理与管理机制等多维度进行创新，打造新空中立体坊巷街区，传承与提升旧城中心区复合化的生活样态，催生新型城市生活样态。

4）典型性与特殊性的双重示范意义。

本试点项目具有典型性和特殊性双重属性。既有一般旧城中心区的普遍性特征和面临的问题（如拆迁量大，安置成本高，资金平衡难，居民融合难，文化传承创新难等），又具有其特殊性。因此，申报未来社区试点项目，以"未来社区"的改革创新思维，不忘初心地谋发展，不仅将解决本项目问题，创新和激活提升本项目的发展，又可为全市、全省乃至全国其他老旧城区的城市更新创造经验，意义重大。

3 项目试点的路径和举措

上城望江未来社区以新旧居民多元共生、生态宜居系统复合、创新业态活力融合的三重复合为价值维度，致力破解旧城改造中阶层分离，环境恶化，活力缺失难题，构建延续文脉、面向未来的"新坊巷街区"模式，构建九大未来生活场景，营造层叠街巷、开放复合、邻里共享交织的立体市井；记忆公园、家家花园、社区农园交叠的立体花园；物流到家、分时空间、无界服务交融的立体联接，塑造美好生活的未来场景。探索空中坊巷的新坊巷特色街区，以高容积率、高密度的立体复合空间模式，在旧城中心高密度环境下，探索一条开放复合、活力再生与资金平衡的道路。以高容积率、高密度的空间资源集约、创新资源集聚、产城融合的政策创新，以"上城之上，空中坊巷"的特色定位，拓展上城未来发展空间，打造旧城中心城市再生的浙江标杆（图2）。

图2 规划单元鸟瞰图

4 项目特色与亮点

4.1 三重复合的价值维度

从阶层分离到新旧居民多元共生——人本化；从环境恶化到生态宜居系统复合——生态化；从活力缺失到创新业态活力融合——数字化。

4.2 "新坊巷街区"模式

营造立体市井、立体花园、立体联接的美好生活，建设未来感的城市形态，构建未来社区生活场景。

4.2.1 立体市井——多首层、高复合、人本化的邻里与生活场景

通过底层架空，多层退台，空中连廊三种建筑设计手段，形成复合联通的立体市井，大大提高了城市空间资源的使用效率；开放底层空间再造城市街巷的商业繁华，打造多层立体化的邻里空间；建设顶层长廊空间；依托上城区丰富的医疗资源建立社区医疗服务机构；部署开放式文化教育设施（图3～图5）。

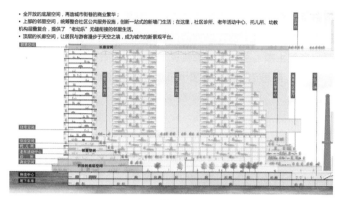

图3 立体市井示意图

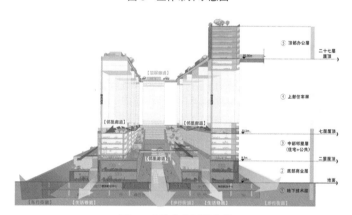

图4 立体市井层叠街巷

图5 立体市井邻里生活场景

4.2.2 立体花园——全绿色、自循环、生态化的建筑与低碳场景

建设层叠花园型100%绿化覆盖率的空中园林，建构低碳生活，延续城市记忆，"家家有花园"；建设都市农场让居民体验动手的劳作乐趣，自产蔬菜供给无人菜场和小贩市集，新一代"菜食场"演绎昔日城南"菜担儿"的记忆，厨房垃圾通过回收处理转换成绿化肥料（图6~图8）。

4.2.3 立体联接——多通道、超时空、数字化的服务与治理场景

以TOD为基础，立足数字化提出联通导向的LOD新模式。

1）治理联通：管委会与居委会无缝衔接，推动产城融合。

2）服务联通：建立开放服务平台，提供住户不同类型与价格的个性化选择。

3）物流联通：智慧物流系统，计划在高层建筑地下室设置物流分拣中心，高层建筑设置垂直物流管道，通过智能化物流可以到达每层每家，外卖快递自动到达各家楼层。

4）分时联通：空间数字化服务管理系统，社区活动用房可以提供24小时、工作日和假期等不同时间的预约，你可以预约家宴、预约教室、预约会议办公等。从早到晚，多样分时共享空间更替着运动、办公、教育、休闲空间等不同转换。

图6 立体花园空中园林

图7 立体花园菜食场

图8 立体花园庭院

4.3 三体合一的社区治理管理机制

加强科技城管委会和社区居委会联动，结合数字化管理平台，更好实现企业与居民的互相融合，采用一家公共平台加多元化特色管家服务，实现管理运营机制的突破。

4.4 高容积率、高密度的立体复合空间模式

在旧城中心高密度环境下，创新高容积率、高密度的立体复合空间模式，探索具有创新性、经济性、可变性的空间形态和开放复合、活力再生与资金平衡的道路（图9）。

图9 立体复合空间模式

5 九大生活场景的可感知化（图10）

图10 三重复合综合营造九大生活场景

5.1 未来邻里场景：重构"邻里关系"，复合邻里公园，打造社区共享生活

通过立体市井多首层、高复合、人本化的邻里与生活场景，在高密度的老城环境内，建立以立体绿色网络为特色的"新杭城"主题的社区文化公园，营造情境式开放空间体系。

5.1.1 立体化的邻里空间

底层：建立开放的空间体系、邻里公园。底层空间全部开放，再造城市街巷的商业繁华；多层贯穿的邻里公共设施空间，提供了"老幼乐"无缝衔接的邻里生活。社区诊所、老年活动中心、托儿所、幼教机构层叠复合，方便居民生活。

中层：除邻里公园外，还计划设置"楼间公园"和住户共享的图书馆、游戏室，居民楼上设置屋顶农场，这些都可以成为邻里之间的交流、活动的平台。

顶层：长廊空间连接延伸，提供居民、办公者和游客的休闲空间，漫步于天空之境，尽眺钱塘的城市风景。成为城市新景观平台（图 11）。

图 11　立体化的邻里空间

5.1.2 新坊巷街区的美好生活

开放 - 复合，城市生活的空间触媒，借助于丰富的坊巷公共空间，以微孵化、微实践、微赋能激活共享生活（图 12）。

图 12　新坊巷街区的美好生活

艺术生长 - 艺术生活的时尚市井，以生活化艺术、艺术化生活构建美好生活精神家园。社区文化设施与社会教育设施、屋顶儿童公园、老年活动中心叠合构建。在屋顶农场与艺术景观中生活学习、互动交流。

5.2　未来教育场景：构建 15 分钟生活圈，打造文化教育复合平台

依托丰富的小学、幼儿园资源，建立多样化国际化幼托机构。以文化设施为依托，打造开放式文化教育设施，围绕着屋顶儿童游戏公园，建立空中学习平台；建设幸福学堂、社区图书馆，提供儿童乐园，并引入线上多样课程模块。

5.3　未来健康场景：构建健康运动复合平台，随时随地开展健身运动

1）依托上城区丰富的医疗资源建立和名院联合支持的社区医疗服务机构，通过专家挂职、专家坐诊、专家咨询等方式，提供全方位医疗服务。

2）结合地铁上部空间，打造运动健康公园，结合社区医疗设施，提供多元化的健康保健空间。与幼儿园结合，形成社区养老的智慧化服务体系。

3）通过空中健康步道串联运动休闲空间，构建包括空中自行车道、漫步道的交通体系，形成空中漫游系统和地面漫游系统（图 13、图 14）。

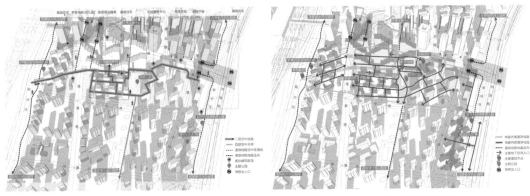

图 13　步行立体网络优化　　　　　　　　图 14　地面漫游系统优化

5.4　未来创业场景：构建工作居住复合平台，创造人际交流平台

社区在金融人才公寓提供 loft 居家办公条件，提供复合型的公寓 – 办公 – 商业复合体。通过政策支持，吸引国际金融人才落户社区。提供金融 wework 空间，满足新型金融人才创业需求。

1）建设 3 种不同大小的弹性办公空间：小型可容纳 1～25 人；中型可容纳 25～60 人；大型可容纳 60～120 人。

2）在办公空间附近建设特色咖啡厅形式的会客点（创业咖啡馆）。

3）众创空间建筑面积 16300m²。

5.5　未来建筑场景：设计可组合式花园居住单元，打造个性化居住感受

5.5.1　立体花园平台

整个建筑群体采用立体花园式组合，强调地下空间、裙房空间和高层空间的各种露台的组合连接。该区块建立立体花园平台与垂直绿化、都市农场相结合，整个建筑群体采用立体花园式组合，强调地下空间、裙房空间和高层空间的各种露台的组合连接。其中高层建筑绿地率 40%，多层建筑 50%，低层建筑 60%～65%。社区绿化率达到 100%。人均绿地面积不小于 1.2m²（图 15）。

5.5.2　弹性户型组合

考虑到拆迁安置户主要以小户型为主，在建筑设计上考虑今后可以合并成大户型和两代居等多种形式。金融人才公寓，提供从单身公寓、loft 公寓和花园公寓等各种可变化组合的单元。

5.5.3　采用装配式土建和装修施工

关注建筑节地、节水、节能、节材及环境保护功能，绿色建筑评价等级均达三星标准。运用自然通风、天然采光、雨水利用、可再生能源应用、建筑废弃物利用、绿色建材等成熟适用的技术产品。

图 15　立体花园平台

5.5.4　采用 CIM 数字平台管理

在该地块内构建社区现状的数字化基底模型,利用 GIS+BIM 的先进技术手段,绘制"数字孪生社区",本社区现有居民众多,社区占地面积大,征拆补偿是未来社区建设的关键环节,故本社区采用成熟的数字化拆迁系统,统筹优化分布征拆方案。同时本试点拟开展群众参与社区规划建设系列活动,使社区规划建设方案制定充分融入社区居民对未来社区的期望及需求。

5.6　未来交通场景:规划步行主导的复合网络

5.6.1　步行立体网络

整个规划以地铁公共交通为导向进行布局,整体布局疏密有致,形成基地内以步行为主的生活网络,便捷地连接起邻里空间。并形成时尚外街,邻里内街,情境地下街和休闲天街等多种类型街道空间。努力营造多样化小街区、密路网的社区城市生活空间,实现土地高效、集中开发,提高土地利用率和复合性功能打造,遏制城市扁平化外延。

5.6.2　生活圈

发挥城市中心区优势,在 5–10–15 分钟的出行圈内,实现丰富的生活选择。以公共交通站点为中心,实现 5 分钟生活圈公共交通全覆盖,为该地块提供良好的步行环境和多种交通方式的换乘接驳。在社区内部封闭式管理空间及社区中部分支路实现人车分流模式,保障行人和非机动车交通使用者的安全(图 16)。

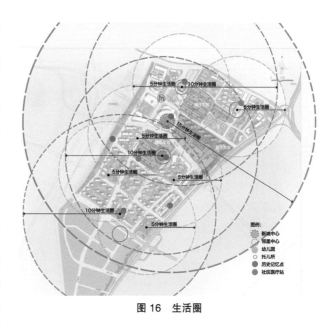

图 16　生活圈

5.6.3　绿色停车场

规划设立地下两层停车库,引入共享停车机制,提高车位利用率。同时需具备停车引导、智能收费、综合信息服务、信息采集联网以及安全管理等功能,实现 5 分钟取停车。引入立体车库、自动导引设备(AGV)智能停车技术等先进停车辅助技术,提高车位机械化率、自动化率,避免停车过程复杂和耗时较多的问题。配建停车位充电桩设施。

5.7　未来低碳场景——规划立体花园:营造宜居生活的复合生态体验

途径 1:实现多能协同
(1)集中供热供冷,用地源热泵提供集中供热供冷;
(2)引入多能协同智慧管理系统。

途径 2:引入立体绿化复合系统
(1)立体绿化系统,实现 100% 的绿化覆盖率;
(2)资源复合利用,中水绿化灌溉系统,垃圾回收系统,黑水示范;
(3)都市农场示范,屋顶社区农场,动物友好示范。

5.7.1 打造记忆公园——城市记忆的邻里花园

延续城市记忆，形成一心一塔，一桥一场的记忆公园，结合娃哈哈厂房保留的锅炉房烟囱，形成中心邻里公园，以始版桥记忆建立贯穿街区东西的新始版桥二层长廊，汽车南站旧址建立南站纪念小广场，成为街区公共生活空间（图17）。

5.7.2 家家花园——个体住户的阳台花园

住宅每家提供错层挑高露台花园，其中设置植物种植池形成小乔木灌木结合的家家花园（图18）。

5.7.3 社区农园——邻里交往的农场花园

居住邻里花园设置屋顶农场，以参与式种植，成为邻里间交流、活动的社交平台。

1）构建立体绿化系统，通过地下绿化＋地面绿化＋屋顶绿化＋立面绿化的复合绿化体系，实现100%的绿化覆盖（效果）率。首先，地面满足30%以上的绿化率，屋顶覆土大于60cm，乔灌木覆盖率大于40%，地下、半地下绿化覆土大于120cm，覆盖率大于50%，建筑立面绿化覆盖率30%以上（图19）。

2）植物种植——打造垂直森林系统

a. 在立体空间层面增加绿化而不增加使用土地；植物可吸收灰尘和二氧化碳，降低噪声污染。灌溉水源则由经过处理的生活污水提供。

b. 植被阳台用绿色植被取代了玻璃幕墙，调节室内外的热量流动。夏天时植物茂盛，创造阴凉，降低室内温度。冬天时枝叶稀疏，则可以让更多阳光穿透，减少照明、供暖等能源消耗。

c. 植物品种选择的原则：本土、抗风、易养护。

3）资源复合利用

a. 雨水回收系统，用于灌溉绿植

建议将雨水回收利用纳入约束性指标，屋顶雨水回收利用率100%（包括屋顶绿化间接回收和屋顶排水直接回收），地面雨水70%就地消纳和利用（图20）。

b. 垃圾回收系统，形成循环生态圈

瑞典的"城市垃圾自动回收处理系统"，适用于人口密度高的住宅，范围越大越经济。其特点为：高效、环保（地下运行），焚烧产生的能量再利用，降低能耗。

有机垃圾就地处理（堆肥）——建议纳入引导性指标，可制定社区堆肥率。

图17　记忆公园

图18　家家花园

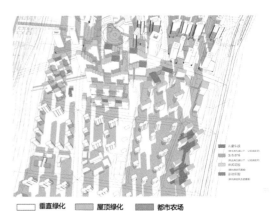

　　垂直绿化　　　屋顶绿化　　　都市农场

图19　立体绿化系统

图20　雨水回收系统

一台"高速发酵餐厨垃圾处理机",每天能处理 50kg 餐厨垃圾,同时每天能产生 5 ~ 10kg 有机肥料。社区堆肥可以结合社区垃圾收集点或垃圾转运站设置。同时,堆肥技术可与社区垃圾收运站整合为社区生态站,综合处理社区的有机垃圾和污水。堆肥容器可大可小,也有小型的家庭堆肥桶。

5.8　未来服务场景:设立平台加管家式过程服务,提升社区

采用平台 + 管家的创新物业管理模式:

(1)大平台管理:通过智慧化方式提供街区空间运营过程全方位管理。

(2)物业用房预留:为社区预留部分物业经营用房,通过经营用房盘活支付物业管理成本。

(3)分类管家服务:根据本地居民、人才服务、商业服务和创业服务等多类型,提供物业管家增值服务。

(4)利用已建设的设备终端,依托阿里 AI 平安智能构建无盲区安全防护网,打造多端感知的 6 层防护体系,通过社区设界、控格、守点、联户多层防护网,将网格化管理升级成数字化平安管理,实现未来社区立体防护圈。

5.9　未来治理场景:设立合一高效管理平台,智能 AI 能力赋能未来治理

采取视觉识别、人工智能、三维地理信息等技术,将真实世界信息投射到数字世界,形成全局态势感知,赋能未来治理。

6　回顾:新坊巷街区模式应用

上城望江未来社区,探索空中坊巷的新坊巷特色街区,以高容积率、高密度的立体复合空间模式,在旧城中心高密度环境下,探索一条开放复合、活力再生与资金平衡的道路。

通过方案编制的实践,新坊巷街区的模式具有创新性、经济性、可变性的三大特征:

——创新性:新坊巷街区提供了空中坊巷的复合模式,是传统坊巷模式在未来的传承与创新,体现了亚洲高密度城市条件下集约化的中国特色的解决方案。

——经济性:新坊巷街区对住宅为主地块,可以实现 4.5 左右的容积率,对高密度老旧小区、小区改造具有一定的借鉴价值。

——可变性:新坊巷街区模式在不同的情况下可以有不同的变化,适合不同区位,不同地块,不同功能的变化,也有助于适应不同的地域文化特色。

结语:

未来社区的建设,要以人的需求的满足,特别是满足人较高级的"交往的需求、尊重的需求、自我实现的需求"为中心,实现便利化、信息化、智能化、共享化、低碳化,最终实现可感知化。这就要求未来社区要实现从以住宅楼为主体转向各种功能建筑或设施的集成配置,实现建筑与片区、建筑与网络、建筑与配套、建筑与自然关系的转变与提升。

如果说前阶段"智慧社区"的构建更关注于社区硬件的"智慧化",那么"未来社区"则是在涵盖"智慧"的同时,对社区中的人、人的行为与活动、人与人的关系、人与建筑环境和生态环境的关联,倾注了更多的思考和探究。作为城市发展的基础单元,"未来社区"的发展与趋势,也将带动未来的城市建设与更新发展呈现同频效应。

"十四五"规划"全面提升城市品质"一章中,新型城镇化建设工程部分对城市更新、现代社区培

育都提出了定量的目标；2021 年 4 月国家发展改革委印发《2021 年新型城镇化和城乡融合发展重点任务》的通知，鼓励因地制宜将城中村改造为城市社区。预计未来旧改项目将侧重保留老城区空间格局和文化肌理，促使开发商向"城市运营商"转变。未来社区为新型城镇化发展提供了新方向、新借鉴，而多管齐下的政策也为社区铺开了发展蓝图。

上城望江未来社区将通过空间资源的集约利用，破解旧城中心区老旧小区居住密度高、改造提升资金难平衡的难题，延续城市记忆，打造居住、商务、商业和文化旅游功能复合的高密度、高容积率开放街区模式，营造"上城之上·空中坊巷"的美好生活。探索创新城市空间资源配置、创新城市社区服务治理机制，形成走向未来的共建、共享、共治新平台，以上城模式，作为打造"旧城中心区再生、智慧城市可感知"的浙江标杆。

参考文献：

[1] 卓么措. 政府职能视角下的未来社区——未来社区的内涵、意义及建设对策 [J]. 浙江经济，2019，（4）：3.

[2] 戴德梁行. 未来社区及其趋势探索 [R]. 2021，9.

图片来源：

图片来源于方案团队设计制作。

打造有归属感、舒适感和未来感的人民社区

俞 坚

摘　要：以宁波市海曙区石碶未来社区为例，立足人本化、生态化、数字化三大价值维度，结合以人为本、可感知的人居环境理论，阐释如何打造有归属感、舒适感和未来感的人民社区。

关键词：人民社区，人本化，生态化，数字化

2015 年的中央城市工作会议指出，要坚持以人民为中心的发展思想，坚持人民城市为人民。这是我们做好城市工作的出发点和落脚点。十三届全国人大一次会议的《政府工作报告》中指出，"城镇老旧小区量大面广，要大力进行改造提升，更新水电路气等配套设施，支持加装电梯，健全便民市场、便利店、步行街、停车场、无障碍通道等生活服务设施。新型城镇化要处处体现以人为核心，提高柔性化治理、精细化服务水平，让城市更加宜居，更具包容和人文情怀。"浙江省未来社区建设项目，以满足人民美好生活向往为出发点，以人本化、生态化和数字化的三大价值维度，渗透在社区生活场景的各个方面，贯穿在共同谋划、建设改造和运营服务的全过程，其根本目的，是打造让人民群众更具归属感、舒适感和未来感的人民社区，成为人民群众共建、共享的美好生活家园（图 1）。

本文将以宁波海曙石碶未来社区项目为例，阐释如何打造"有归属感、舒适感和未来感的人民社区"。

宁波市海曙区石碶未来社区试点位于宁波市海曙区石碶街道东北部，且紧邻奉化江。基地距离宁波栎社国际机场 6km，距离宁波市中心城区 15km，距离海曙中心区 11km，距离三江口 10km，地理位置优越，是宁波市重要的形象窗口。

"碶"是宁波沿海和江河交汇处的一道独特景观。石碶有深厚的历史底蕴，得名于境内的一座碶闸——行春碶，又名石碶。行春碶是它山堰的配套工程，始建于唐大和七年，有一千多年的历史。石碶历史上名人辈出，主要有沈光文、张其昀等，与我国台湾文化有着独特的亲缘。现存的老街风貌犹存，水、桥、民居、碶等拥有独特魅力。

石碶未来社区规划单元面积 225.2 ha，实施单元面积

图 1　三大价值体系

21.7 ha，实施单元部分建筑已拆迁完成，由安置房、商业商务用地及出让居住用地组成。社区将免费安置 5920 人（1850 户），引进人才 200 人，受惠总人数 6120 人。

1 未来社区是以"人"为中心的人民社区

家庭是社会的基本细胞，社区是城市社会组织与空间组织的基本单元。城市社区是城市基层的社会共同体，也是人民群众生活家园的基本载体，社区是由社区居民共同参与建设的，经历了不断的发展过程。国内外城市更新和新区建设的发展过程表明，单纯的社区物质环境建设，已逐步向社区综合营造转变，其根本特征，体现了以人为中心的转变。"人居环境"一词强调对人类居住环境的综合研究（即：自然界、人、社会、建筑物和联系网络），认为人类住区为一个整体，包括乡村、城镇、城市。1961 年 WHO 总结了满足人类基本生活要求的条件，提出了居住环境的基本理念，即"安全性（safety）、健康性（health）、便利性（convenience）、舒适性（amenity）"。城市宜居性是指在个人和社区层面，城市为人们所提供"社区设施、卫生健康和福祉"的环境质量。人民社区的建设，正是在全球社区建设发展的经验上，面向中国城市化条件下的独特情境，体现了中国实践的鲜明特色（图 2、图 3）。

图 2　未来人居环境

图 3　未来庭院空间

党的十八大以来，以习近平同志为核心的党中央在治国理政的实践中，把增进人民福祉、促进人的全面发展作为经济社会发展的出发点和落脚点，充分调动人民积极性和主动性，创造幸福美好生活，因此，未来社区要坚持一切为了人民、一切依靠人民，打造具有归属感的精神家园；要把是否实现人民利益作为评判未来社区建设的根本标准，打造具有舒适感的宜居家园；要以全面深化改革，特别是推进供给侧结构性改革，使我国供应能力更好地满足广大人民群众日益增长、不断升级和个性化的美好生活需求，打造具有未来感的理想家园。因此，未来社区的打造，首先应该立足于居住人群的多元需求，强调社区居民全过程的参与共建，注重社区物质和社会环境的整体营造，并以创新探索和勇于革新，破解城市发展过程中的种种难题和挑战，打造中国城市化进程中的浙江样本（图 4）。

2016 年 12 月 9 日，浙江省人民政府办公厅同意设立中国（浙江）自由贸易试验区宁波联动创新区，其中临空片区 8.71km²，大部分位于石碶街道境内；再者，宁波市海曙区打响低效用地再开发攻坚战，全面推进村级工业区块提升改造的机遇；石碶街道产业转型升级启动，针对原来

图 4　未来理想家园

的存量建设用地，近两年因低效用地二次开发、原拆原建或集体土地预征等原因已先行拆除，为规划单元的开发建设奠定了基础，居民的改造愿望也十分强烈。

石碶未来社区将规划定位为千年石碶·尚水乡——南塘风情水乡未来时尚版，展现宁波海派风情的机场驿站，其主要发展策略有三点：

1）展示——临空经济与海派文化共荣，成为临空经济区高端未来生活社区的展示窗口；

2）吸引——高端人才与乡贤雅士共聚，打造高端人才与本地居民认同且有归属感的新型社区；

3）示范——未来社区与传统生活共生，成为宁波乃至浙江省特色型未来社区建设的样板。

千年石碶 + 空港 &TOD 双地铁交汇 + 未来社区，从古镇到未来的跨越，城市能级提升给人民以获得感。

2 未来社区是具有归属感、舒适感、未来感的美好家园

2.1 具有归属感的精神家园

社区归属感是指社区居民把自己归入某一地域人群集合体的心理状态。这种心理既有对自己社区身份的确认，也带有个体的感情色彩，包括对社区的投入、喜爱和依恋。体现在安全性、参与性与识别性等多样特征。有的社会学家认为，社区归属感是社区形成和发展的重要因素（图5）。

从古至今人们都希望自己的居住环境是一个安全的生存空间。社区的安全性是多方面的，包括交通安全、人身安全、社会安全等，人们只有在这样的社区中生活才更具有安全感。

我们生活在一个群居的社会，一个人的家不能称为完整的家，而环境也自然不会因为一个人而存在，所以社会心理意义上的家是和亲人、邻居、环境、社会联系在一起的。对中国社区居民归属感的一些初步研究结果表明，影响居民社区归属感最重要的因素是社会关系，其次是对社区环境的满意程度及社区活动的参与程度，人们在未来社区中应该具有很好的交流空间，让人们可以互相了解，相互交流，在这个过程中也就加深了人们的归属感。

图5　社区归属感

识别性是人们对环境的最初视觉识别，未来社区的识别性在于社区具有鲜明的个性，既体现出地域文化的传承和记忆，也体现出社区共同体的参与营造，让人们可以对环境的功能及特色有着深刻的记忆与了解。这种感受是独特的，根深蒂固的，同时也增强了对社区的归属感。

2.2 具有舒适感的宜居家园

提到舒适性首先就会想到优美怡人的居住环境，未来社区应该具有健康发展的人居环境，具有完整的服务设施系统，真正地做到"以人为本"，让人在居住环境中真正地体会到舒适性与人性化。健康性、便利性和品质性是舒适感的重要体现。

"健康"是舒适感的大前提，城市居住空间，是城市生态系统中的一个重要组成部分，我国正面临

着自然资源短缺、污染日益严峻、生态环境脆弱等问题，应营造一种生态的、可持续发展的、具有审美意识的、并与人类相互融通的城市人居环境。我们在生活中常常会提到身心健康，指的是生理和心理的双重健康状态。"自然"就是最有效的一种方法，它可以用自己特有的魅力使人的身心感到轻松与愉悦，最终达到真正的"身心健康"。舒适感也代表着一个便利的城市人居环境系统，应包括完善的基础配套设施，人人

图6　城市生活服务空间

都能够享受到购物、就医、就学等，使人类居住更加便利。另外，包括交通设施，可以使人们在出行上更加便利（图6）。

　　健康性和便利性的满足，是一个不断提升的过程，同时将人文景观与自然景观互相协调，形成适宜人类的居住环境，实现不断提升的社区生活品质，是满足美好生活的一个重要维度。

2.3　具有未来感的理想家园

　　未来感首先是一种相对的概念，未来感呈现出一种开放性，体现了一种不断迭代更新的生活可能，未来感又得助于科技和社会创新的应用推动，体现为创新的探索和引领，同时，未来感也是一种指向未来的发展性，体现了发展的价值趋向和理想愿景，因此，未来感体现了可能性、创新性和理想性。

　　联合国教科文组织的"未来素养"计划始于2012年末，该计划认为，未来并不存在于当下，但对未来的预期和前瞻是存在于当下的，或者说，未来是以预期的形式存在于当下的，这样一来，通过人民群众共同参与未来的预期和前瞻，不断变革的生活观念，为当下的发展提供了更好的发展决策和路径。

　　未来社区作为一种社会创新的实践，通过创意创新激发活力，推动新的技术、新的方法的不断探索和应用。数字技术与生态技术的发展，为未来社区提供了新的前景，数字给时代带来了新的变革，将其应用到社区中去，形成数字和现实的孪生社区；生态技术的发展使得城市生活和自然生态更好地融合，体现出自然、健康、绿色和丰富的生活环境（图7）。

　　未来感也体现了一种理想感，是一种对生活理想家园的追求和体现。未来感反映了人民群众对生活的理想，体现了一种价值趋向，一种引领的作用。而对这种新的可能的追求，正是人民群众生活不断提升、不断发展的过程。

　　基于以上三点，石碶未来社区规划提出了四个方向的解决策略：

　　1）空间升级：一街四河，打造生态活力空间。南塘河文化从老城往空港新城延续升级，再造城市文化样板，打造新亮点，串珠成链。

　　2）交通升级：一站双环两码头，对接城市大交通。

　　3）配套升级：开放街区，小街区密路网，打通通道，提升城市活力；活

图7　数字生态社区

力水街，创业水湾，实现一街两片。

　　4）文脉传承：传承水乡文化，打造一条活力水街、若干休憩埠头与休闲码头；传承市井文化，围碶而居，村落里坊，形成八大主题里坊；促进邻里交往，打造一主两副邻里中心 + 水岸广场；传承石碶艺术，突出石碶建筑文化，业态引入匠人工艺。

3　立足居民需求，打造人民社区

　　未来社区是体现了人民美好生活向往的人民社区，归属感、舒适感和未来感既互相支撑，又互相促进，需要立足人民群众不断提升的生活需求，通过多方协同创新，共同打造社区共同体的美好家园。

3.1　立足需求

　　社区居民的需求，是未来社区建设的出发点。美国当代心理学家班图拉认为，在个人、环境和行为三个因素中，三者相互影响，构成一种互动关系，人创造环境，又使用环境，个人和环境的因素并不能独立发挥作用，只有当居住环境和人的活动方式一致时，才能达到心理平衡。社区的舒适感，包括各种设施的使用是否合理，是否从环境心理学的角度创造满足人们活动的空间，这些都直接关系各类空间及设施的效能，从而影响到居民生活的质量（图8）。

图8　立体坊巷

　　社区建设是一个不断融合的过程，要体现地域历史文化的传承，留住社区的记忆，因此，既包含了地域历史的丰富记忆，又在历史的发展中不断更新；要考虑原居民和新居民间的融合，要考虑到老人、儿童等不同的需求。要融汇不同新居民的创造力，具有融合创新的精神，赋予社区不断发展的活力。

3.2　共建共享

　　社区建设要充分体现出社区居民共同参与的过程，贯穿在谋划、建设和运营过程中。通过公约成为力量，通过社群发挥作用，通过传播成为纽带。

　　社会关系对社区归属感具有重要影响，社区的邻里文化建设，要体现邻里和睦互助的关系。社区的设施要为社区居民所共享（图9）。

图9　邻里开放共享空间

3.3　整体营造

社区应该成为宜居的家园，要体现不断提升的生活品质，既体现为教育、健康、创业等复合功能，又落实在建筑、环境、交通、能源资源设施等硬件环境。硬件和软件在空间组合上达到最佳化的配置，并在人们的活动过程中形成融合的生活场所。

3.4　创新探索

当前城市化进程中存在着众多的困难，解决这些困难，通过机制体制的创新释放活力。要立足于科技的力量，严谨的精神，又要大胆地探索，对不合适的技术规程规范提出更新，立于潮头，敢为人先。

结语：

未来社区是以未来为导向的人民社区探索，其根本目标是指向美好生活，其核心动力是创新发展，未来并没有一个固定模式，在实践中根据不同条件不断探索，不断迭代发展，成为不断推动人类社会发展的伟大实践。

图片来源：
图片来源于方案团队设计制作。

注：本文作者俞坚为中国美术学院国际联合学院规划设计教师。

3

未来社区新范式
—— 以杭州望江社区南站地块为例

陈峥嵘

摘　要：未来社区在"三化九场景"中贯穿着绿色低碳理念，同时明确提出发展绿色建筑的诉求，未来社区的绿色建筑既要满足节能、节地、节水、节材、保护环境、良好的运营管理等要求，又要为居民提供各个层面、各个维度、各种场景可感知化的个性化居住生活体验，使未来社区实现智慧化、人性化、健康化、生态化的可持续发展。
关键词：绿色低碳，韧性城市，可感知化，空中客厅，垂直森林，CIM 缘起

可持续发展是贯穿"未来社区"构想的重要理念，未来社区明确建立全生命周期的 CIM 数字化管理平台，建设更加人性化的绿色建筑。未来社区对建筑节能、环保、生态、健康提出较高的综合协同要求，一切围绕打造可感知、可衡量、可持续、代表未来趋势的绿色建筑。

1　可感知的绿色建筑标准

1.1　未来社区指标体系的可感知性

1.1.1　场景解读

未来社区的未来建筑场景把打造立体多层次复合绿化系统、装配建筑、绿色建材、内装一体化作为约束性指标，提倡对标国家《绿色建筑评价标准》、美国 LEED 绿色建筑认证等指标水平，提高绿色建筑建设标准；未来社区的未来低碳场景指标提出社区多元能源协同供应和综合节能、资源综合利用等低碳措施，对于"光伏建筑一体化 + 储能"供电系统、综合能源资源服务商集中供热供冷、复合 - 立体绿化系统、垃圾分类等提出约束性指标，推广近零能耗建筑、提高可再生能源利用比重。

1.1.2　政策导向

近年来，我国各类绿色建筑评价标准，侧重于关注建筑物性能表现，采用严格的定量方法进行评定，忽略了对使用者的关注。2019 年正式实施的《绿色建筑评价标准》GB/T 50378—2019（简称"19 版标准"）首次将评价体系围绕"业主感知"制定，更加注重居民居住的感知度、获得感。

1）评价体系围绕"业主感知"制定

【14版标准】节地与室外环境、节能与能源利用、节水与水资源利用、节材与材料资源利用、室内环境质量、施工管理、运营管理、提高与创新，由8个章节内容组成。

【19版标准】安全耐久、健康舒适、生活便利、资源节约、环境宜居、提高与创新，由6个章节内容组成。

2）增加了建筑产业化内容，明确装配式建筑是实现绿色建筑的重要手段。

3）增加了"智慧建筑"评价体系，推广BIM、AIot等技术应用。

4）增加了"健康建筑"评价内容，将室内居住环境是否健康舒适作为重要的绿建衡量标准。

总的来说，智慧化、人性化、健康化、生态化是可感知的绿色建筑主要特征，也是未来社区实现可持续发展理念的重要手段。

1.2　绿色建筑的感知维度

1.2.1　可感知的绿色建筑因子

可感知的绿色建筑因子就是人对绿色建筑的感知维度，即在居住生活中，居民对绿色设计与技术给住宅环境带来影响的认识和体验程度，以及居民对这些影响的主观反映。

绿色建筑的评价体系方向主要有安全耐久、健康舒适、生活便利、资源节约、环境宜居、提高与创新等6个方面；感知的四个维度主要是：舒适度、安全度、适用度、智能度四个方面，分别对应着业主对生活环境品质的不同诉求。

四个感知维度的因子：

舒适度：温度、湿度、二氧化碳浓度、噪声；

安全度：空气质量（PM2.5/PM10）、病菌传播、安全的饮用水及食品；

适用度：节能环保、自然通风、良好采光；

智能度：易用、可更新、个性化。

2020年爆发的新冠疫情对绿色建筑提出了更高的技术要求，提出了比如韧性城市防疫单元、快速隔离组团、可隔离户型、户内消杀设施、分户式抑菌灭活新风机组、社区自助急救站、社区冷链等城市技术手段，提高了住户应对灾难、疫情、极端情况的韧性。

1.2.2　影响感知度的三个层面

1）不同地域不同气候区注重不同的感知层面，应对其采用不同的技术方案。

众所周知我国分为五个气候带：严寒地区、寒冷地区、夏热冬冷地区、温和地区、夏热冬暖地区，各个气候带对应的需求不同，例如北方主要的感知需求是采暖，夏热冬冷地区主要的感知是湿度与炎热等。长期生活于北方地区的人到了南方区会觉得冬季室内湿冷；同样南方人到北方在冬天却觉得干燥，皮肤开裂，这是生活习惯造成的。同样气候区域也有不同，例如同在夏热冬冷地区的浙江省，山区和平原有着不同的温度、空气质量，山区冬季更冷、夏季更凉爽；西部与东部沿海有不同的湿热及季风环境，东部沿海常有台风光顾，更加潮湿温润；城市和乡村有着不同的风热环境，城市的人口密集导致大量二氧化碳排放，产生温室效应而造成巨大的热岛效应。

浙江省在未来社区评价体系中将实现以冬季采暖作为约束性指标，要求全拆重建类和规划新建类实现集中供热（暖）供冷，建设"光伏建筑一体化＋储能"的供电系统。

2）不同的人群构成不同的感知尺度。

室内舒适度是由温度和湿度共同构成的人的体感，比如高温高湿容易造成室内发霉，低温低湿造成呼吸道疾病，总之人的舒适度是一个集合范围。据统计，老人、孩子、成年人的感知重点是不同的，老人对温度突变更为敏感，尤其是冬夏季节因温度突变导致疾病频发；孩子需要更充足的氧气确保心肺健康发育，春秋季节是造成流行病的主要时段；成年男女也各不相同，女性对温度湿度的敏感度更高，相对接受的变化范围也比较小。体质不同的差异对于室内的温湿环境需求也是不同的，康复中的人群更需要高品质的空气质量和较小的温度波动。

我们把各种人群在不同时间点都能获得最佳的舒适度的范围称之为：最佳室内环境，具体包括以下几个方面的指标：温度、湿度、噪声、CO_2浓度、悬浮粉尘、细菌菌落总数、新风量、有害物质含量等，详见表1、图1。

最佳室内环境分项标准　　表 1

分项	标准
室内温度	18 ~ 26℃
室内湿度	40% ~ 60%
室内噪声	<30dB
CO_2 浓度	<1000mmp
PM10 浓度	<0.15mg/m²
PM2.5 浓度	<10% 室外浓度
细菌菌落总数	2500cfu/m³
新风量	30m³/h·p
有害物质含量	0.1mg/m³

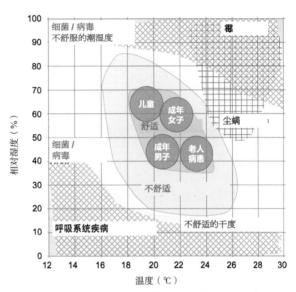

图 1　不同人群的最佳室内环境感知尺度

3）不同功能类别的建筑侧重不同的感知诉求。

例如学校既需要保持一定的温湿度，也需要良好的自然通风、采光以保障孩子们的身心健康，能提高学习效率，适合采用主动式健康建筑技术。

近年来我们通过实践发现，学校尤其是幼儿园采用恒氧技术的新风系统，对孩子的心肺发育、病毒防疫、提高学习效率起到很好的作用。

医院和养老院等建筑使用人群对室内洁净度、温湿度范围、噪声控制度有较高的敏感度，采取一定恒温恒湿被动式建筑技术能够抑制病菌的传播，创造较好的康复修养环境。

对于各类公共建筑来说，防疫健康是主要目的，新风量是必不可少的，当然节能也是重要的指标，超低能耗建筑技术是较好的选择。对于办公建筑来说，适度的恒氧有助于办公室的亚健康人群，同时分区分时的智慧控制手段利于节能、防疫。

对于居住区来说，节能不是主要的目的，较为灵活的室内调节度为不同的人群带来各自舒适的体感，在新冠疫情未尽的大形势下，采取分户式新风设备是最佳选择。

总的来说，造成感知度差异的因素是多方面的，我们在选择绿色建筑体系及关注点方面应该本着因地制宜、因人而异、因需而立的科学态度，避免一刀切的传统绿色建筑思维。

1.2.3　绿色建筑的可感知技术体系

影响绿色建筑感知度的技术是多方面的，对于未来社区而言，集合了智慧城市基本功能，涉及各种人群以及各种类型的功能建筑，具体需要八个方面的技术体系支撑：

1）全生命周期的 CIM 数字管理体系；

2）高度工业化的绿建体系；

3）健康舒适节能的室内环境控制体系；

4）多层次绿化体系以及垂直绿化体系；

5）高效节能的综合能源供应系统；

6）健康安全的社区供应链体系；

7）便捷的垃圾分类与资源回收利用体系；

8）快速响应的防灾防疫应急启动体系。

2 项目实践：杭州望江社区南站地块

2.1 项目情况

2.1.1 项目背景

望江社区南站地块属于未来社区的安置房地块，地块位于杭州老城核心区，属于南宋时期的"皇城根下"，原居民大部分是有多代居住史的"老杭州"，地块东侧是杭州知名企业娃哈哈的老厂区，工厂虽然已经外迁多年，但是还是保留了较多的老职工住户以及部分有价值的工业遗存，是杭州老城区老一代市民心中无法抹去的记忆。长期以来，该区域的社区居住环境很不理想，交通混杂，建筑密集残旧，缺乏配套设施，卫生条件不佳，已经沦为城市的死角，居民的获得感很差。政府希望通过南站地块的打造实现地域文化的复兴，最终能惠及回迁的居民，为他们提供更舒适的居住生活环境，更便捷的出行，更完善的社区配套，同时希望该地块建筑创新为老城注入新的活力以塑造未来社区新的范式，吸引年轻人才来望江区块创业生活，从而带动整个片区的复兴。

一般来说未来社区最注重的两个指标分别是收益人群数、引进人才数量，一般来说是以 20ha 作为试点实施区域来验证两项指标的合理值，本项目也是验证该指标的一次探索。

2.1.2 场地分析

望江社区南站地块走势为东南到西北呈 45°长条形，东南侧紧靠秋石高架（历史上是杭州城的城墙），西北侧是居住区，西南侧为在建的望秋立交，东北侧是在更新中的娃哈哈老城区地块。场地交通条件不是很理想，主要依托东南侧秋石高架的地面道路，出入均受到一定限制，而且还有来自高架噪声以及日照遮挡的挑战。同时该地块建筑还需要考虑对北侧已建住宅区的日照影响（图2）。

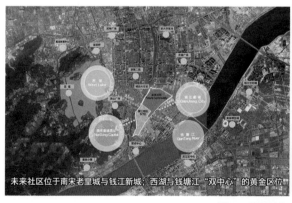

图 2 项目区位

2.1.3　气候分析

江浙地区主要位于亚热带季风气候区，气候温暖湿润，夏季高温多雨，冬季温和少雨，雨热同期。最潮湿的时候是夏季的梅雨时期（6 月中下旬至 7 月上中旬，持续约一个月）。梅雨期间的月平均空气湿度大多在 60% ~ 80%，温度在 25 ~ 30℃。杭州特殊的气候特征为：冬季湿冷、夏季炎热，是对人体舒适度的最大挑战，同时也是造成老年人冬、夏季疾病突发，春秋季儿童流行病易发的重要因素。该项目除了解决回迁居民的供暖供冷问题外，还需要考虑深处城市核心地段，四面高层、高架包围下所面临的巨大"热岛"效应（图 3、图 4）。

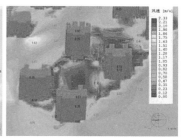

距地 1.5m 高度处风速云图　　　　距地 16.5m 高度处风速云图　　　　距地 20.5m 高度处风速云图

图 3　场地内风场分布

（场地内风场分布总体基本合理，但针对可能存在的小范围漩涡区域、风速局部增大较为明显的区域，可通过优化建筑、绿化等构筑物的布局优化）

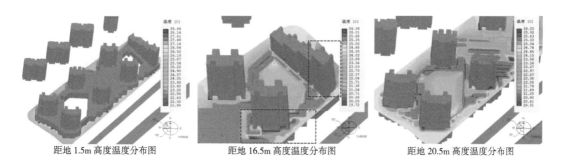

距地 1.5m 高度温度分布图　　　　距地 16.5m 高度温度分布图　　　　距地 20.5m 高度温度分布图

温度范围(℃)	该温度范围分布面积（m²）	统计面积（m²）	面积比例	备注
≤ 24.4	4410.6	8504.9	51.9%	热岛强度低
24.4-25.9	2516.3	8504.9	29.6%	热岛强度较低
> 25.9	1578.0	8504.9	18.6%	热岛强度较高

图 4　场地内温度场分布

（场地内的平均温度为 24.6℃，总体温度适宜，但东南面、西南面局部区域存在热岛强度较高现象）

2.1.4　人群分析

根据该区块回迁人口调查，三口之家居多，老年人比例较大，近年来的人口政策导致有不少的新生儿，社区面临老年医养、儿童托幼、课外教育等突出的需求。同时周边缺少必要的生活配套以及公园绿地等公共设施。安置房地块大部分要解决原居民拆迁回迁的需求，少数部分是解决高端人才来杭创业的居住需求，这样两种人群都有不同的背景、学习、生活习性，如何能够创造最大满意度就成了我们首要思考的问题。

通过对当地人群走访调查，大部分待回迁居民均对未来社区的建设表达了不同的关注度，大部分人群对居住环境、公共配套、绿化空间表达渴望；老年人更关注未来就近医疗条件、活动空间，年轻夫妇表达了对教育设施的渴望；外来的务工者表达了对工作机遇的渴求，同时对于未来社区提倡的集中供冷、供暖，大多数回迁居民都表达了对能耗费用的关注以及使用频率的忧虑。

2.1.5 矛盾分析

基于以上分析，项目面对六大矛盾：

1）地块特征以及周边环境的多种干扰因素与未来社区营造优美舒适社区环境的矛盾；

2）同时满足回迁原居民与引入高等级人才两种不同习性人群的矛盾；

3）本地居民生活习惯与未来社区提倡集中供暖供冷的矛盾；

4）在地块内要满足高度集中的公共配套与要保证居住品质的矛盾；

5）安置房造价控制与未来社区所倡导的高建设标准的矛盾；

6）属地文化内容的缺失与重塑未来社区文化地标的矛盾。

本项目要满足至少 630 户回迁居民的套数要求以及至少 120 户的人才居住指标，以及未来社区的基本配套，容积率将高达 3.5 以上，选择合适布局是一项艰巨挑战。同时对于政府开发商而言，杭州回迁房有一定的建设标准，未来社区较高建设标准带来的增量成本在财政审批上是有一定风险和矛盾的。对于回迁的原居民来说，未来社区较高的维护成本也是无法承受的。未来社区除了要实现较完善的社区配套，还要针对原居民实现"零物业费的承诺"，选择合适的绿建技术标准也是一项挑战。

2.2 建设目标

在可控造价范围内，以适合用地环境特点、地域气候条件、符合本地回迁居民生活习性为原则，引入可感知的绿色建筑技术，建设舒适、健康、高效、集约的新型未来社区。

2.3 规划布局

1）采取 CIM 平台 3DGIS 城市模拟技术，根据热岛效应风热环境模拟分析选择最合适的总图布局建筑朝向，采取建筑错位布置，把对北侧地块住宅区日照影响降到最低，建筑朝向南偏东 5° 避开高架噪声及灯光污染（图 5）。

图 5 总平面布局

2）根据 3DGIS 城市模拟技术对竖向风热环境、噪声环境的模拟，选择在高架影响之下的 1 ～ 3 层集中布置配套功能，沿秋石高架布置带状滨水公园，优化区内环境（图 6）。

图 6　鸟瞰图

3）社区裙房部分采用开放式岛式布局，引入东南向季风风道，营造夏日开放凉爽的城市公共空间，又在冬日能尽可能保证充足的日照。在一层设立市民流动线，使北侧居民能够穿过这座配套的"微型城市"来到南侧滨水公园活动，避免了城市住区对人居尺度的割裂（图 7）。

4）选择内院入户集中布置小区入口门厅，结合带风雨连廊的步行系统打造 5 分钟的便捷生活圈，住户足不出区便享有各项优越的社区配套（图 8）。

5）根据对总图布局模拟建成后的社区微气候环境分析，布置不同业态的社区配套，例如在西南角绿化空间较大、高架干扰较少的区域布置托幼设置及四点半课堂等教育设施，东北侧靠地铁等公共交通的位置布局养老、社区医疗等设施；地块北侧角落布置一站式社区邻里服务中心，配套中心菜场等设施。

图 7　公共空间

图 8　便捷生活圈

2.4 建筑设计

1）建筑设计取意"钱江潮"的概念，采取富有"钱江潮"动感的裙房造型，尽可能地后退、延展城市开放界面，对高架侧滨水开放绿地形成港湾式的城市"绿岛"，优化城市微气候环境（图9、图10）。

图 9　建筑城市界面

图 10　建筑滨水界面

2）单体建筑采取"垂直森林"城市的格局，以立面绿化阳台为建筑主基调，结合多层次的屋顶绿化打造垂直森林的丰富立面（图11）。

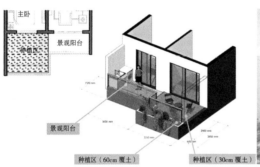

图 11　垂直森林

3）在11层高度设立一条空中连廊，布置"空中客厅"，在空中形成一条连续的空中运动步道，也是提供邻里交往的"空中坊巷"，空中连廊的造型又寓意"一线潮"的钱江潮文化景观特征。

4）户型引入多代居住、可变户型的概念，提供家庭单元全生命周期不同时段的灵活选择，结合疫情需求设立防疫户型，实现自然采光通风并举的格局（图12）。

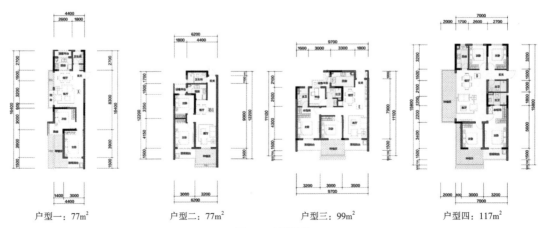

户型一：77m²　　户型二：77m²　　户型三：99m²　　户型四：117m²

图 12　户型设计

2.5　绿建技术

针对南站地块人群不同的感知度需求，以及社区建筑不同的功能场景特点，采用适合的绿建技术：

1）针对杭州的气候特征及场地的风热环境，采取了不同的能源供应策略，没有采取集中供暖供热系统，而是量身定做采取分布式能源策略，主要采用了降膜式蒸发冷空气源技术的分户式能源机组，其满足了热回收新风、热水、应对骤冷骤热气候的能源需求，沿南侧河商业设施采取局部地源热泵技术确保公共设施能够实现长时段的恒温及满足封闭室内环境产生的能耗。

2）在裙房及建筑屋顶布置"光伏建筑一体化＋储能"的供电系统，应对公共空间的照明设备动力等需求；社区设置雨水回收及中水利用等措施，一楼室外全地面采用透水材料，结合绿化形成海绵社区（图 13）。

3）针对住户，为了实现较高舒适度的室内环境，除了采取 PWS 装配式夹心保温外墙、三玻两腔被动式门窗外，还配置了全热回收新风机组，按超低能耗建筑标准达到 75% 的节能效率。

4）对于老年公寓、托幼、幸福学堂、社区图书馆、康复中心等对室内空气环境要求较高的裙房建筑采取主动式健康建筑技术，设立可变向的立面遮掩设施，以及公共空间的空气质量、公共能耗等监测控制系统，确保室内空气环境始终处于健康、恒洁、恒氧状态。

5）社区的一站式邻里商业服务中心则采用最严苛的被动式建筑技术，封闭的室内环境避免对周边住户生活产生干扰，通过全热回收新风机组实现95%的节能率。在邻里中心地下室规划了独立货车进出卸货的区域，配置了一体化厨余处理设备，实现了厨余全回收利用。在邻里中心屋顶设计了屋顶绿化——空中农场，利用屋顶绿化空间种植蔬菜瓜果花卉，丰富了社区生活（图 14）。

图 13　海绵社区

图 14　邻里中心

6）地下停车库、设备机房、社区配套用房应注重自然采光，采取光导纤维、热回收新风等技术手段获得日间自然光源及良好的自然通风；同时采取 AIot 智能节能感知控制系统，根据对使用人数、进出车辆数的自动感知实现对照明、新风的控制，从而实现节能目标。停车采用 AGV 智能停车管理系统，把有限的地下空间在白天向周边城市和商户有限开放。

7）社区空中花园及屋顶花园结合不同人群对绿化环境需求，采取不同的布置方案，另外还配置了直饮水系统、社区冷链等健康保障设施。

结语：

回顾笔者参与的望江南站地块的前期策划及方案设计，这其实是一段艰难的探索过程，以 CIM 数字化城市模拟分析作为规划技术手段，把可感知化作为未来社区的绿色建筑理论、评价乃至技术体系的重要标准，对践行未来社区围绕人本化、数字化、生态化打造美好社区生活的目标提出一条切实可行的路径，打造未来社区新范式。

参考文献：

[1] 绿色建筑评价标准 GB/T 50378—2014[S]. 北京：中国建筑工业出版社，2014.

[2] 绿色建筑评价标准 GB/T 50378—2019[S]. 北京：中国建筑工业出版社，2019.

[3] 浙江大学韧性城市研究中心. 韧性城市理论框架 [EB/OL]. http：//www.rencity.zju.edu.cn/28899/listm.htm.

图片来源：

图片来源于方案团队设计制作。

4

◇ 厦门橙联跨境电商产业园海绵城市方案设计总结

王平香

摘　要：本文介绍了厦门橙联跨境电商产业园项目的海绵城市设计。具体阐述了建筑设计中如何采用"渗、滞、蓄、净、用、排"等系列措施来达到海绵城市建设的目标，为未来绿色建筑、智慧城市发展提供了依据。

关键词：海绵城市，径流控制率，下凹式绿地，透水铺装，雨水调蓄池

1　项目概况

海绵城市，顾名思义，就是指城市像海绵一样，降雨发生时，能"吸收、存蓄、渗透、净化"多余的径流雨水，而到了城市水资源短缺时期能利用前期储蓄雨水补充地下水源、调节水循环。海绵城市以"慢排缓释"和"源头分散"为主要建设理念，追求城市人水和谐。2015年，住房和城乡建设部确定重庆、镇江、嘉兴、厦门、济南、鹤壁、武汉等16个城市作为首批试点海绵城市，厦门作为第一批海绵城市试点之一，海绵城市的设计与建设处于领先地位。

本项目为厦门橙联跨境电商产业园，地处福建省厦门市集美区，海绵城市设计贯穿整个项目过程。本工程总用地面积为 151618.26m²，由于为工业仓储项目，存在大量的硬化面积，导致雨水径流控制难度大。在设计中，如何调节雨水径流的同时兼顾场地的利用，是海绵城市设计的难点。

2　本项目使用海绵设施介绍

海绵城市设计主要是采用各类低影响开发设施来完成径流平衡。低影响开发设施具有若干不同形式，主要有透水铺装、绿色屋顶、下沉式绿地、生物滞留设施、渗透塘、渗井、湿塘、雨水湿地、蓄水池、雨水罐、调节塘、调节池、植草沟、渗管/渠、植被缓冲带、初期雨水弃流设施、人工土壤渗滤等。而本项目为工业仓储项目，场地内需设计大量的重型车道，对场地荷载具有较高的要求，在此基础上，综合考虑项目特殊性、实用性，最终选择了适合本项目的低影响开发技术，包含透水铺装、下凹式绿地、雨水调蓄池，同时涉及的主要相关技术包含管道断接等。以下对所涉及技术一一介绍。

2.1 下凹式绿地

狭义的下凹式绿地指低于周边铺砌地面或道路 200mm 以内的绿地；广义的下凹式绿地泛指具有一定的调蓄容积，且可用于调蓄和净化径流雨水的绿地，包括生物滞留设施、渗透塘、湿塘、雨水湿地、调节塘等。下凹式绿地可广泛应用于城市建筑与小区、道路、绿地和广场内。对于径流污染严重、设施底部渗透面距离季节性最高地下水位或岩石层小于 1m 及距离建筑物基础小于 3m（水平距离）的区域，应采取必要的措施防止次生灾害的发生（图 1）。

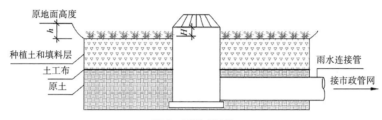

图 1　下凹式绿地

本项目在仓库周边道路两侧存在大量条形的绿地。绿地下凹后，将道路雨水找坡至下凹式绿地内，并同时于下凹式绿地高位设置溢流口。在超出绿地调蓄量后将多余雨水通过溢流口再排至雨水管网。《厦门市海绵城市建设技术规范》中 5.2.13 条规定："下凹式绿地应低于周边铺砌地面或道路，下凹深度宜为 100 ~ 200mm"，结合项目实际情况，本方案中设计的下凹式绿地深度为 200mm。

2.2 透水铺装

透水铺装按照面层材料不同可分为透水砖铺装、透水水泥混凝土铺装和透水沥青混凝土铺装等。透水砖铺装适用于广场、停车场、人行道以及车流量和荷载较小的道路，如建筑与小区道路、市政道路的非机动车道等，透水沥青混凝土路面还可用于机动车道。本项目主要在场地小汽车停车位下方设计了透水砖，达到雨水渗透的作用（图 2）。

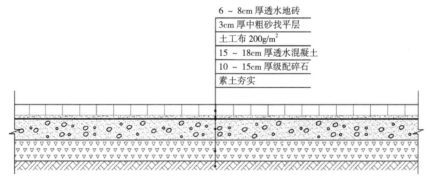

图 2　透水砖典型路面结构设计图

2.3 道路雨水断接

雨水断接技术指的是通过切断径流排放通道，以入渗和滞蓄等方式破坏径流的连续性，从而达到消减流量和雨水集蓄利用的效果。雨水断接技术有助于屋顶、车道等硬化地表雨水不直接进入地下雨水管网系统,而先进入低影响开发雨水系统(LID),达到雨水储蓄、下渗及净化的目的。本项目道路周边设置有下凹式绿地,对于道路上污染较为严重的雨水,宜通过道路雨水断接进入生态设施处理后排放,道路雨水断接主要通过路缘石开槽的形式实现,从而起到调蓄、净化雨水的目的(图3)。

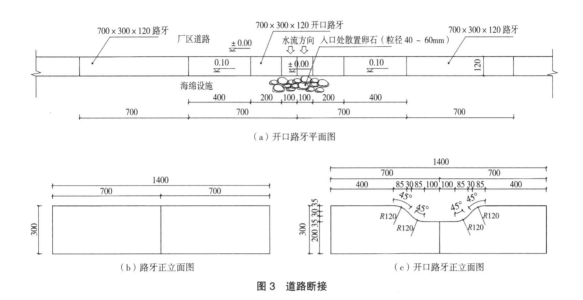

（a）开口路牙平面图

（b）路牙正立面图　　　　　　　（c）开口路牙正立面图

图3　道路断接

2.4　雨水调蓄池

本项目为工业项目,绿化面积有限,对场地荷载要求比较高。在充分利用了下凹式绿地及透水铺装后,仍无法满足径流控制的要求。在此前提下,于雨水排放末端设置了雨水调蓄池,收集多余的雨水,经过处理后用于绿化浇灌、道路冲洗。雨水调蓄池是用于滞蓄雨水的海绵设施,一方面可以实现建筑自身水资源的循环使用,节约用水成本;另一方面也可有效缓解市政供水压力以及市政管网的排放压力,提高区域防涝能力。

3　方案设计

3.1　汇水分区设置

汇水分区的划分应综合考虑场地竖向条件、地表径流和屋面径流流量、室外雨水管线布置等,将产流区域根据汇水流向分为若干汇水分区,分别计算径流量和海绵设施调蓄量以达到建设目标。海绵城市设施主要在径流进入雨水管道前改变雨水流向,将其引导至雨水调蓄设施内渗透和滞留,并同时设置溢流口。

3.2　海绵设施布置

本项目综合考虑地块功能要求、下垫面类型、土壤渗透性、地下水位、地形坡度和空间条件等建筑范围的实施条件,合理选择低影响开发技术及确定工程措施规模,得出海绵设施布置方案。由于本项目主体为工业仓库，绿化率有限；另外场地都是走重型货车，对道路荷载有较高要求，故此主道路无法设置铺装，以下凹式绿地、雨水调蓄池为主要海绵设施。

场地经海绵城市设计后，径流流向为：

屋面径流→雨落管→断接至最近的海绵设施→溢流口→雨水干管→一体式雨水调蓄池→市政雨水管网

路面径流→下凹式绿地→溢流口→雨水干管→一体式雨水调蓄池→市政雨水管网

3.3 径流控制率、污染控制率计算

3.3.1 径流控制率计算

本项目应符合住房和城乡建设部《海绵城市建设技术指南》、厦门市海绵城市建设工作领导小组《厦门市海绵城市建设技术规范》和福建省住房和城乡建设厅《福建省城镇排水系统规划导则（试行）》的要求，且满足地块设计条件中城市生态环境要求的生态指标年径流总量控制率不低于 60% 的要求，对应的控制降雨量为 20.1mm。本项目总面积为 151618m^2，其中绿地面积为 16349m^2，普通屋面面积为 82066m^2，道路面积为 53203m^2，经计算，总地块海绵城市建设前的场地雨量径流系数为 0.82（表 1）。

根据径流量及场地特征设置调蓄设施，在项目场地内布置了下凹式绿地合计 9902.10m^2，下凹式绿地的蓄水深度为 150mm；雨水蓄水池 1000m^3（表 2）。

海绵设施建设前径流量计算表			表 1
下垫面	面积（m^2）	径流系数	径流量（m^3）
普通绿地	16348.76	0.15	49.29
普通屋面	82066.49	0.90	1484.58
混凝土路面	53202.90	0.90	962.44
分区合计	151618.15	0.82	2496.31

年径流总量控制率计算表			表 2
海绵设施	面积（m^2）	下凹深度（m）	径流量（m^3）
下凹式绿地	9902.1	0.15	1485.32
一体式蓄水池			1000
合计			2485.32
调蓄量 – 径流量（m^3）			10.28
设计降雨量（mm）			20.18
年径流总量控制率			60%

3.3.2 年径流污染控制率计算

径流污染控制是低影响开发雨水系统的控制目标之一，既要控制分流制径流污染物总量，也要控制合流制溢流的频次和污染总量。城市径流污染物中，悬浮物（SS）往往与其他污染物指标具有一定的相关性。因此，一般采用 SS 作为径流污染物控制指标。

本项目年径流控制率达到 60%。同时本方案通过采用多种低影响开发设施相结合，项目低影响开发设施对 SS 的平均去除率为 86.7%，则本项目年径流污染削减率 C=60%×87.10%=52.26%。

4 海绵设施运营维护策略

海绵设施设置后还需要进行运营维护，才能长远地保证海绵设施的有效性。运营时，需建立健全的维护管理制度和操作规程，配备专职管理人员和相应的监测手段，并对管理人员和工作人员加强专业技术培训。在雨季来临前和雨季期间做好设施的检修和维护管理，保障设施正常、安全运行。对于下凹式

绿地，需定期清理下凹式绿地表面的沉积物，以免使其渗透能力下降，降低其效果。定期清除杂草，同时对生长过快的植物进行适当修整。根据植物生长状况和降水情况，适当对植物进行灌溉；对于雨水一体式蓄积池，应定期清理、清洗蓄积池，保证其蓄水能力。洪峰过后，需查验其相关设施的有效性，及时排查故障。

结语：

本项目采取下凹式绿地、透水铺装、一体式雨水蓄水池等一系列绿色生态措施，实现了场地雨水的"渗、滞、蓄、净、排"，改变了场地雨水原始的快排、直排模式，极大地减少了场地雨水的外排，有效缓解了场地市政雨水的压力。由此可见，未来绿色建筑、智慧型城市的发展应遵循海绵城市理念，合理进行规划，明确原则与方法，通过保护天然海绵体，建设生态海绵体与人工仿生海绵体等方式，最大程度收集、净化雨水，提高水资源利用率。

参考文献：

[1] 靳咏睿．海绵城市建设探索 [J]．河南建材，2016，（6）：147–148.

[2] 梁骏熙．基于海绵城市理念的城市规划方法初探 [J]．房地产导刊，2019，（12）：5.

图片来源：

图片来源于方案团队设计制作。

5

可感知的绿色校园
—— 中法航空大学创作心得

陈峥嵘

摘　要：这是一次横亘五千年"良渚文明"与"现代航空文明"的激情碰撞，这是一座设立在世界遗产之畔的科学殿堂，这是江南水乡映秀下的绿色校园，中法航空大学创作过程也是一次围绕"人"性尺度来营造学生感知未来生活、学习、交流、创新环境的深刻探索。

关键词：良渚文明，现代航空，可感知，消隐，融合，转译

中法航空大学是一所中外合办的高等级大学，也是浙江省重要的高等院校。2019 年底笔者有幸以德国 HENN 高级顾问的身份作为主创之一参加了该项目的国际竞赛，并且全程参与了方案的创作，2020 年 1 月经过专家、政府、校方多轮评审，最终以第一名中标（图 1）。

在 2020 年初疫情开始严重，春节后迟迟不能复工，德国方面疫情更严重，只能把主要设计工作交给国内团队。我们就在这样的环境下展开了中外合作的设计之旅，无数个日夜参与线上汇报线下交流，终于在 6 月完成初步设计，年底项目顺利开工。

图 1　整体鸟瞰图

回顾近一年的工作，在创作之初我们就要面对三个难点，首先是面对"良渚文化"与"现代航空"两个距离五千多年的时刻主题的交织碰撞；其次是面对"遗址公园"与"现代校园"两个完全没有交集功能体可能会产生的穿透叠合；第三是要面对"生态水乡"与"城市功能"两者之间的和谐共生。同时我们也在思考中法航空大学设计能为这座城市带来怎样的新活力，为当地社会经济带来怎样的新机遇，将为新良渚人的 12000 名师生带来怎样的新期待。为此我们一开始就把创作思路放在发掘当地文化、场地环境、校园功能三

图 2　西南侧鸟瞰图

要素之间的粘连关系，突破常规院校规划思维，把"人"的感知因素作为思考原点，把营造可持续发展理念的"科学殿堂"作为创作亮点，把江南水乡做为生态基底，把"绿色低碳"作为技术标准，力图建立"开放、智慧、绿色、包容"的绿色校园（图 2）。

1　项目背景

1.1　项目起源

2018 年 1 月 9 日，在中国国家主席习近平和法国总统马克龙的见证下，北京航空航天大学与法国国立民航大学签署了合作办学备忘录。2019 年 9 月 19 日北京航空航天大学校长徐惠彬与法国国立民航大学校长奥利维耶·尚苏签署了《北京航空航天大学与法国国立民航大学共建中法航空大学合作协议》。2019 年 4 月 16 日，北京航空航天大学与浙江省教育厅、杭州市人民政府合作签约仪式在北航如心会议中心举行。同年 12 月 28 日上午，中法航空大学项目在杭州市余杭区奠基。

1.2　项目选址

中法航空大学项目选址位于杭州余杭区瓶窑镇，是一座千年历史的名镇，也是"中华第一城"——良渚古城遗址的所在地。良渚古城遗址公园是"全国十大考古新发现"之一的"中华第一城"反山、汇观山、莫角山等良渚文化遗址和古城外围大型水利工程的核心所在地，2018 年被列为世界遗产之后，对瓶窑良渚区域整体建设强度、风貌都提出了严格控制。项目用地选址位于瓶窑镇区的核心位置，距离北侧联合国世界遗产名录的良渚古城遗址公园约 1.5km，属于遗址保护风貌敏感区，同时项目也处在杭州余杭区"千年发展轴"的北节点，与北侧的良渚古城遗址公园及南侧的北湖湿地生态区、杭州西站枢纽、未来科技城组成了余杭区的"千年发展轴"（图 3）。

1.3　项目目标

2019 年浙江省政府提出把中法航空大学建设成为双一流标准高等学府，提出"尊重历史、面向未来、开放共享、融合发展"的先进理念，为浙江省大力发展大航空产业打下坚实的基础。同时规划设计要求

图 3　千年发展轴

符合良渚世界遗产保护规划,严格按照风貌尊重中法两国的文化特色,体现项目航空特色,起到中法国际合作的桥梁作用。2020 年初,袁家军书记指示要把中法航空大学建成"绿色建筑、人车分流、江南水乡、庄重大方的绿色校园,既要有历史厚重感,又要有现代科技感"(图 4)。

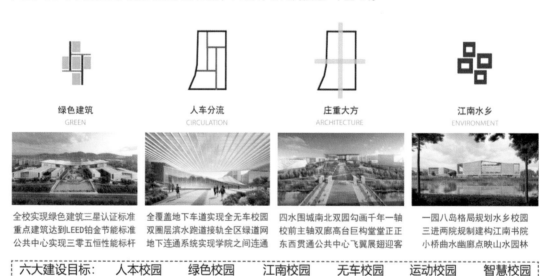

图 4　建设目标

1.4　建设内容

中法航空大学为研究型大学,学生规模 10000 人(本硕各 4000 人、博士 2000 人),教师规模 2000 人;学科以工程类专业为主,民航管理类专业为辅(比例约为 7∶3)。主要建设内容包括航空学院、民航学院、信息学院、工学院、理学院、人文与社会科学学院、国际学院等七大学院;民用飞行器设计与适航虚拟仿真中心、大型风洞实验中心、大型水洞实验中心、民用航空发动机试车试验中心、民用航空发动机虚拟仿真中心、民用航空综合大数据平台、机载信息设备微纳级加工平台、民用航空高性能材料制备中心、民用航空高性能材料测评中心、大型航空复杂构件机加工平台等十大科技创新平台；公共教室用房、公共实验用房、图书馆、师生活动用房、校行政办公用房、室内体育馆、学生公寓、单身教师公寓、学生教工食堂、生活福利附属等功能建筑，室外体育场等运动健身场地以及地下停车库等相关配套设施（图5）。

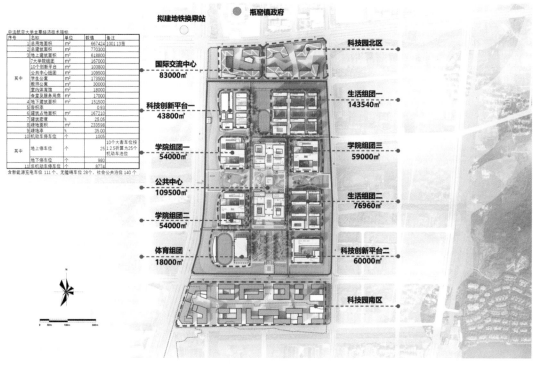

图5 总平面图

1.5 场地分析

中法航空大学项目用地面积约1500亩，其中校园用地约1000亩，配套中法航空科技园用地约500亩，规划容积率0.8～1.2，建筑密度≤30%，绿化率≥35%，建筑高度≤60m。场地用地四周水系环绕，两纵四横的河道把东西狭长的用地分割得更加支离，可用的建设场地受到很大挑战；场地内河道作为区域的水利、通航、泄洪的重要通道，不但需要保留，而且还要后退河道红线，这将导致校园空间用地减少了35%左右，导致校内建设用地严重不足，影响了建筑布局的空间品质，所以河道及两岸空间的利用成了本项目的破题之要点。项目建筑风格、体量对场地北侧良渚古城遗址公园的影响，以及整个大良渚遗址保护区的风貌协同也是十分重要的考虑因数（图6）。

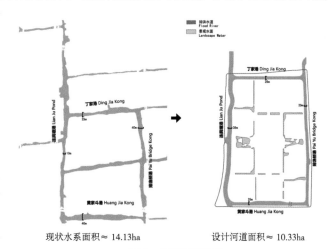

现状水系面积≈14.13ha　　设计河道面积≈10.33ha

图6 水系设计调整

2 思路起源

2.1 世遗背景

学术界曾长期认为中华文明只始于距今 3500 年前后的殷商时期，然而始建于 5300 年前的良渚古城已经表现出的成熟社会阶级关系与城市化特征，证实了中国文明起源和国家形成于距今五千年前。随着良渚古城遗迹的发掘，五千多年前的超前的规划理念、精湛的造城手法展现在世人面前，为我们打开了一扇远古城市文明之窗。

2.2 解密古城

五千多年前良渚人的城市规划意识可以说相当有前瞻性，根据学者对良渚遗址的研究，经过碳十四测年结果证实，良渚人是先修水利后造城。远古时期洪灾、旱灾泛滥是影响人类聚居的重要原因。良渚古城遗址的外围也有护城河与水库相连，护城河平时起到防护的作用，涝时防洪、旱时配水，为良渚古城对外交通运输、农业灌溉提供了有利条件（图 7）。

良渚古城采用"三重向心"的城市规划布局，良渚古城遗址真实地显示出以王城——莫角山宫殿区、内城（封闭式）、外城（半封闭式）三重城廓组成的城市布局，良渚古城王城——莫角山宫殿群位于三城包围的中心，也是地势最高之处。已经可以揭示良渚古城遗址具有城市所特有的空间形制、功能分区、防御功能、社会分工等复杂现象。其中宫殿区的出现，揭示了良渚时期已经存在了统治者与被统治者的现象，而以宫殿区为中心的三重向心式规划布局，突显了距今五千多年所存在的一个早期国家的权力中心地位。

还有就是建筑的形式，良渚古城遗址发掘显示，莫角山王城宫殿群自成一岛，岛筑高台、台上筑院、院起宫殿，台基、建筑、屋顶构成了最早的三段式建筑，以最高的中心王城——宫殿群统领整个城市，体现了"以中为尊，以高为尊"的筑城思想（图 8）。

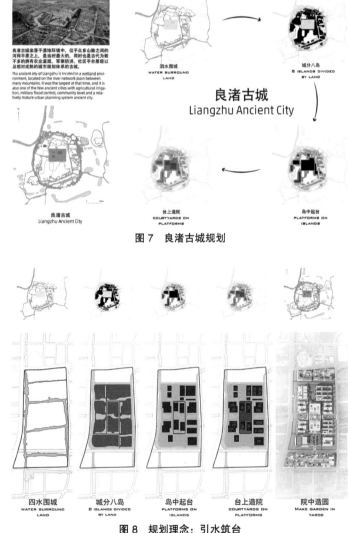

图 7 良渚古城规划

图 8 规划理念：引水筑台

总的来说，良渚古城遗址给我们展示了五千多年前在这片土地上依水筑城、以水营城的高超城市规划水平，是江南水乡环境中创造城市和建筑特色景观的典范。特别是作为城市的水资源管理工程，外围水利系统在工程的规模、设计与建造技术方面也展现出世界同期罕见的科学水平，展现了五千年前中华文明史，以及远古时期人类城市建设极高的成就。

2.3 古城启示

亘古以来，建筑就帮人类确定了存在的意义，五千多年过去了，古城虽然只存遗址，但是给我们创作中法航空大学提供了很多的启示，两者有很多的共同点，同样的区位及环境，同样的江南水乡语境，同样的山形水势，同样的风土人文……同样也是代表时代科学发展的殿堂。建筑历史表明了从整体分解的初始具象，到自然和人文的精神至象征的发展历程。如果能够借鉴古良渚人规划营造的手法，融入当今最先进的航空科技，以现代建筑思维来创作，将是我们对良渚文明的一次深刻回顾，也是对世界遗产范围保护及可持续开发的一次重要实践。建成后校园迎来莘莘学子既能感受到时代科技力量带来的震撼，也能体会到良渚文明带来的悠久绵长的历史气息。

2.4 规划理念

中法航空大学规划出发点意在将华夏五千年文明——良渚遗址与代表现代工业文明——航空科技进行并置和演绎；将西方建筑符号——中轴对称的建筑与法式几何化的广场大绿地关系，与东方建筑语言——江南水乡曲水悠远的景观庭院关系进行套叠和重组。

为了最大限度利用水网、路网地形，增加校园、科技园互动的粘连度，我们把科技园布置在整个用地的两端，把校园区布置在四面环水的中心地段，谓之"内城"，内城是有护城河的，天然的河道稍加改动、拓宽、取直就形成了天然的护城河。我们在中法航空大学校园创作中，解构良渚古城中的造城原理，提出了一心、三环、八岛的结构理念（图9）。

一心指的是：以"人"为中心，也就是以学生的教学、交流、活动为中心，构建校园公共中心。

三环指的是：绿环、水环、生态环。

八岛指的是：根据校园功能利用水系划分的功能岛，包括：三个书院岛、两个实验岛、两个生活岛和一个体育岛。

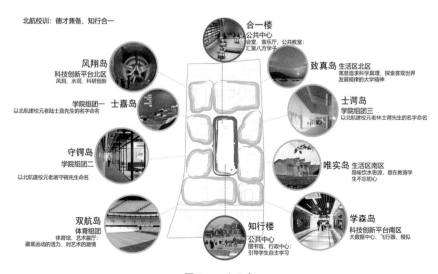

图9 一心八岛

校园"一心八岛"规划格局，好像一座现代进化版的"良渚城"，体现了良渚文化的一种延续，也体现了五千年前良渚文明高度发达的创造力，在当今发达的现代社会，仍然具有巨大的借鉴价值，闪烁着智慧的光芒。

3 开放的校园规划

开放度是营造校园感知度的重要属性，我们在校园规划中研究了校园与城市的关联性，比如河道及景观轴对于城市开放空间的重要性，公共中心对于学生全天候 24 小时开放的必要性，提升市民与学生的参与度是校园规划成功的关键。开放度受人的活动半径影响，对于使用人群步行超过 15 分钟的功能动线是不合理的，是无效的开放度。所以在中法航空大学的规划中，以学生为中心，把公共中心作为整个校园的活力中心，要求学生从公共中心到达各功能组团的距离都控制在步行 6 分钟左右。通过便捷的风雨连廊有机地将学院、运动、科研、生活四大板块与学生紧密相连，打造全天候的校园"6 分钟"步行学习生活圈，以及"10 分钟"的外围运动圈（图 10）。对于城市来说，开放度体现在市民的参与度，校园犹如片区的一座养眼的大花园，或者是高效的运动场地，也是代表区域活力的消费群体，是促进城市走向更加生态、活力、开放的生命体。

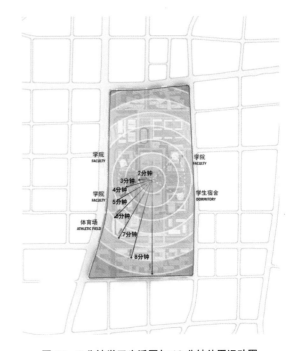

图 10　6 分钟学习生活圈与 10 分钟外围运动圈

3.1 开放的绿环与绿轴

首先是规划了对城市开放的"绿环"与"绿轴"，校区环河及两侧绿带形成了约 350 亩蓝绿空间环绕，形成最具特色的"绿环"，绿环由外环的城市休闲带、中环的环校河道、内环的校园生态运动带共同组成，构成了校园对城市的最大开放空间。校园规划明确的十字轴线，城市东西向"绿轴"贯穿校园中部形成了对城市开放的学校中心公园，绿轴向西延伸至城市绿带，向东延伸至大雄山；南北主入口大绿地、中央环岛路形成校园仪式感的中轴线，连接南北科技园形成南北向空间功能轴。整个校园就在绿环 + 十字轴绿色通廊的交相辉映之下，宛如一个巨大的超级公园，处处体现景在人中、人在景中的诗意境界（图 11）。

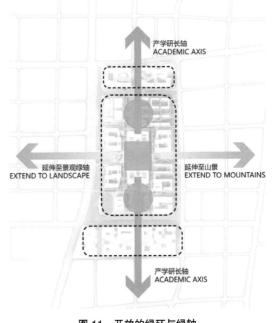

图 11　开放的绿环与绿轴

3.2　开放的公共中心

　　十字轴是校园的制高点——公共中心，也是校园的地标建筑：南北长达 400m、东西宽达 160m 的巨型飞翼大厅，建筑最高点 45m 是校园的中心地标，象征着航空科技的力量。公共中心围绕"学生"生活作为核心构建功能动线，把容纳学生公共活动功能空间的各种大小不一的公共功能"盒子"——公共门厅、图书馆、音乐厅、会议中心、公共教学楼、师生活动中心，归纳到公共中心大屋顶之下。公共中心巨大的屋面除了中央花园外，还设计多重高差的半室内花园与大屋顶之下的屋顶花园构成了立体绿化空间，为学生创造了全气候环境的休憩空间。大屋顶之下还设置了超市、银行、咖啡厅、书店、邮局等配套服务设施。学生在这个公共中心之下生活、学习、交流休憩，同时享受便捷的校园服务，创造高效的学习环境（图 12）。

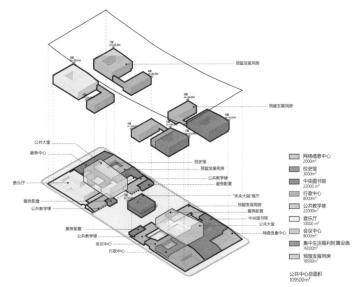

图 12　公共中心核心功能

3.3　共享的书院岛

　　围绕公共中心两侧是三大书院岛，书院制是借鉴英国的牛津大学、剑桥大学，我国的香港中文大学的书院制，就是让不同学院、不同年级的学生能够在一起学习生活，创造良好的课外生活环境，便于其交流、对话、竞赛、娱乐，实现全人格教育的基本单元。每个书院岛由 2 ~ 3 个学院构成"三进两院"建筑群，是江南传统建筑院落关系的再现。建

图 13　书院岛

筑层数为 2 ~ 6 层，一层体现了书院制特色的开放性，设置了学院图书馆、报告厅、自习室、健身房等正对书院岛内各学院公共活动空间，书院内院采取了主题丰富的下沉庭院，与一层庭院、裙房顶花园、屋顶花园构成了多层次的立体绿化空间，给师生提供了多维度的绿色户外活动休憩空间（图 13）。

3.4　科技岛

　　科技岛分布公共中心的西北角与东南角，靠近各学院组团为学生提供最直接的科研教学，同时兼顾对外的科研承接任务，也方便与城市相连创造最高的服务效率。北岛以有一定的噪声、需要封闭运行的重大航空实验平台为主，布局了水洞实验室、风洞实验室、复杂构件加工平台、工程训练中心及发动机

试车平台等，布置在与主干道相连的东北角。南岛以对外展示的科研平台为主，布置在校园主轴线前区广场的西侧，与东侧的体育馆一起构成了校前广场仪式性的空间；南岛布局了高性能材料制备中心、高性能材料检测评价中心、微纳平台、飞行器设计虚拟仿真中心、发动机虚拟仿真中心及综合交通大数据中心等，同时设立对外展示的开放空间（图14）。

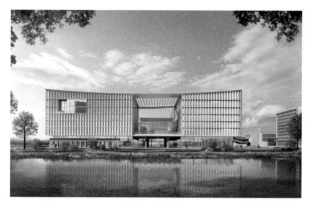

图14　科技岛

3.5　生活岛

生活岛分列用地东侧分南北两个组团，远离城市主干道，与书院岛紧密相连，尽可能缩短学生从宿舍到教室的距离。生活岛除了各配套食堂及学生服务中心外，还在宿舍架空层设置自习、培训、超市、健身、运动、社团活动等混合服务设施，并且结合下沉庭院设置多种户外运动空间，创造丰富的校内生活（图15）。

图15　生活岛

3.6　运动空间

营造运动空间是充分提高学生感知度的重要手段，在狭长的校内场地对角布置了双体育场以及带游泳池的国际标准4000座体育馆，可以举办甲级赛事。整个校园规划体现了"超级体育场"的规划理念，首先是环校河道及两侧打造超级"运动环"，外环3.5km长健康漫步绿道；中环20～25m河道作为赛艇、龙舟等运动的水道；内环3km校园环河跑道，结合穿插其间的运动健身场地构成了"超级运动环"。

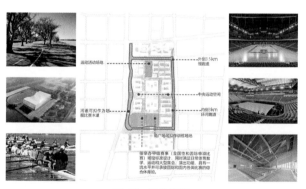

图16　运动空间

外环跑道主要服务于城市居民，内环跑道服务于校园师生，双环均可连接四通八达的城市绿道系统。运动活动场地主要分布在靠近生活区附近，东西向景观通廊、南北广场均预留丰富的运动空间（图16）。

4　可持续的建筑设计

中法航空大学建筑设计秉承了一贯的可持续发展原则，建筑采取"消隐、融合、转译"的设计手法体现了对世界遗产、对环境、对人的尊重。同时在建筑设计中摒弃千篇一律的标准楼设计，采取更为自由的形体组合以及展示丰富的天际线。在丰富的建筑外表皮下是标准的、可更新的模数单元设计，学院根据学科更新需求可以对室内分隔进行快速更新和功能提升。由于校园用地被"绿环"圈围后实际校园面积偏小，我们希望通过建筑设计能够给12000名师生创造尽可能多的空中花园及活动空间，弥补用地不足带来的局促感。

4.1 消隐体量——消失的大屋顶

公共中心是由南北两组巨大的公共建筑群组成，巨大的金属屋面覆盖了两组建筑以及中央花园，金属屋面最终采取了令人印象深刻的飞翼造型：南北两端宛如飞机翅膀伸向蓝天，与中轴下沉形成优美的弧线一气呵成流线形建筑，在立意上既彰显了航空高等学府的身份，又致敬了良渚遗址王城宫殿群。

设计最核心的想法就是通过这一巨大的屋面为师生打造一座立体的微缩花园城市，一座大学时代的精神"乌托邦"。建筑的中段正好位于东西十字轴线的交汇点——中央雨水花园，正好把东侧的大雄山纳入到景框之内与雨水花园融为一体，仿佛巨大的绿瀑由大雄山倾泻而下。建筑在此展示了最辉煌的设计手法，跨度110m、最低高度30m的半室内花园没有一根柱子，巨大的屋面由42组共84根、直径85mm的不锈钢钢索牵引而成，建成后将是亚洲最大跨度的悬索屋面。屋面在此通过渐变的参数化设计，从两边的实体屋面渐变到中央点檩条，最后趋于消失——从而组成了消失的大屋面（图17）。这一手法既保持了公共建筑的体量感，又最大减少了金属屋面对遗址公园莫角山、反山、大雄山视线上的反射干扰，在空中第五立面形成了独特的建筑机理——实体、渐变、消融。自然的环境穿透建筑成为主角，建筑造型在视觉上、体验上被消解，建筑逐渐消隐。

公共中心建筑造型借鉴了良渚王城"岛中起台，台上造院"的设计理念，中心低层部分起了绿色的覆土基台，中段主体建筑则是漂浮的金属百叶盒子，与漂浮的金属屋面形成了台基、主体与屋顶三段式处理。台基高度6～10m烘托主体建筑的庄重感，对外侧放坡覆绿柔化了校园的空间，创造了良好的绿植视觉效果（图18）。

图17 消隐体量（校园西入口）

设计力求创造现代建筑新风格，坚决反对套用历史上的建筑样式。强调建筑形式与内容（功能、材料、结构、构筑工艺）的一致性，主张灵活自由地处理建筑造型，突破传统的建筑构图格式。主体建筑立面同样采用了渐变的金属竖向百叶作为主要的建筑语汇，金属百叶既展现了精美的建筑细节，又起到了遮阳的效果。竖向百叶采取变截面设计以及类似屋面的参数化渐变设计，形成了虚实渐变的统一形式语言。金属百叶与镶嵌其间的石材及玻璃带来局部的统一及整体的变化，在南、北立面形成中轴对称、统一、庄重的效果。三段式的交接均采取了

图18 公共中心

退缩的通透体量，凸显了主体建筑中段漂浮感与屋面飞檐的运动感，南北飞檐巨大的悬挑犹如双翼展翅欲飞向蓝天之势。在建筑的东、西纵长立面，同样采用从两端往中央、由密而疏的渐变关系，最后消融在中央绿轴的巨大雨水花园之中，构成了一幅生动的长卷。

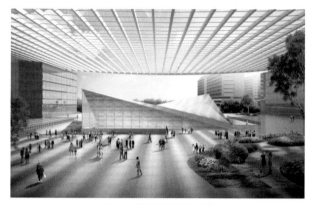

中央花园的几何中心，设计了一座被业主亲切称为"纸飞机"的单体建筑，是展示科技成果、体验校园文化、创造师生交流的精神场域。建筑采用对角的金属飞翼造型，金属屋面配合纯净的玻璃立面体块，营造了"自由飞翼"的建筑雕塑感，为校园提供了科技展示、艺术展示的纯净空间，同时也作为展示智慧校园管理的"校园大脑"场所（图19）。

图19 "校园大脑"展厅

4.2 融合共生——模糊的空间边界

在学院组团的设计中我们同样延续"岛中起台，台上造院"的设计理念，每2～3个学院组成一个书院组团，学院公共配套空间均是共享的，其空间便捷也是模糊的，体现了校方"跨学科"学习发展的教学思维。独立形成一个三面环水的半岛，各学院均坐落在公共的"台基"之上，与主体和弧形坡屋顶组成三段式的立面节奏。台基材质以当地特色的青灰色砌筑条石按照五种不同的机理砌筑而成，主要给人以厚重敦实的感觉。主体立面则大量采用干挂水泥平板、大板竖缝的墙面，采用高强度的UHPC压铸不同规格的格栅与网格，配以相同风格的金属遮阳板及带形窗，书院组团的建筑设计中大胆运用了多

种材质、机理、色彩、构造，力求通过在统一格调下的个性化设计来增强不同学院识别度与院系师生的归属感。根据不同的学院气质表达设计了不同的室内基调，同时室内空间设置了个性化学院门厅、采光中庭、通高檐廊、交流盒子、露台花园等建筑公共空间，丰富了各学院的公共参与体验感，模糊的空间边界创造了不同年级、学科学生在各个学习领域之间相互碰撞、交融的场所（图20）。

图20 学院组团融合共生

4.3 转译的力量——建筑的重生

"最好的建筑的产生是你能够重塑某一个概念而不是仅仅去包装它。"——保罗·安德鲁

从公共空间的巨型飞翼"大屋顶"，到中央花园的"纸飞机"，到大量采用"良渚式的台基"，我们在设计中一直寻求一种特质的象征性，能够转译成现代建筑语汇，能够代表项目让人们能够辨识、记忆、口口相传的地标文化。犹如历史上很多伟大的建筑给人以身临其境的震撼，这种手法给人们带来对远古良渚文明的崇敬，以及对未来大航空时代来临的期许。更大的期望是把这种象征作为地区活力、经济振兴腾飞的图腾，给人以无限的动力。

中法航空大学建筑设计很多地方都运用了这种象征性的转译手法，比如在体育馆的创作中，我们首

先是研究了北航师生关注的一些专业话题：如：气旋、湍流、滑翔、音速、对流、风洞等让人热血沸腾的字眼，最后以“湍流”作为建筑造型的立意出发点，设计模拟航空发动机进气原理创作了一个极具动感的建筑造型。大气湍流是影响航空安全的一个重要因素，根据其成因可分为热力湍流、动力湍流和飞机尾涡湍流三种类型。体育馆的造型模拟了湍流形成的过程：压缩、加速、振荡、爆发，以一种流体的造型勾勒出建筑蓄势待发的姿态（图 21）。

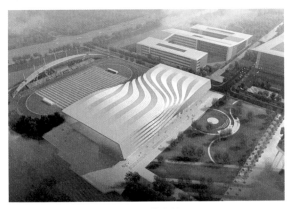

图 21　体育馆

5　可感知的绿建设计

中法航空大学对绿建设计力求人性化，并不一味追求节能指标，而是本着提升师生感知度的标准及原则。同时设计对自然采光、自然通风非常重视，如地下室的通道风运用、架空层的利用、屋顶露台的开发等。针对不同类别的建筑功能提出了不同的绿建策略（图 22）。

公共中心是常年运用的能耗负荷中心，节能标准也是最高的，对此我们采用最先进的超低能耗建筑技术，对于使用频率最高的如图书馆、会议中心等全天候高使用频率的空间我们采取被动式超低能耗建筑技术，实现“恒温、恒湿、恒氧、恒洁、恒静”的高品质室内环境。

校内所有建筑均按照绿建三星标准设计，考虑到近两年疫情的影响，对教室、图书馆、体育馆、宿舍、食堂、礼堂等人员密集场所，按《健康建筑评价标准》T/SHGBC 001—2019 增加健康建筑设计，室内增配全天候带热回收、消杀功能的健康新风系统。外遮阳是我们本次设计的一项重要亮点，外遮阳是建筑的微表情，如公共中心。

LEED 可持续评分系统，总分 110 分，潜在得分点 70~80 分（金级 / 铂金级）

LEED for New Construction and Major Renovations

		POSSIBLE: 1
IPc1	Integrative process	1
	LOCATION & TRANSPORTATION	POSSIBLE: 16
LTc1	LEED for Neighborhood Development location	16
LTc2	Sensitive land protection	1
LTc3	High priority site	3
LTc4	Surrounding density and diverse uses	5
LTc5	Access to quality transit	5
LTc6	Bicycle facilities	1
LTc7	Reduced parking footprint	1
LTc8	Green vehicles	1
	SUSTAINABLE SITES	POSSIBLE: 10
SSp1	Construction activity pollution prevention	REQUIRED
SSc1	Site assessment	1
SSc2	Site development —— protect or restore habitat	2
SSc3	Open space	1
SSc4	Rainwater Mgmt	3
SSc5	Heat island reduction	2
SSc6	Light pollution reduction	1
	WATER EFFICIENCY	POSSIBLE: 11
WEp1	Outdoor water use reduction	REQUIRED
WEp2	Indoor water use reduction	REQUIRED
WEp3	Building-level water metering	REQUIRED
WEc1	Outdoor water use reduction	2
WEc2	Indoor water use reduction	6
WEc3	Cooling tower water use	2
WEc4	Water metering	1
	ENERGY & ATMOSPHERE	POSSIBLE: 33
EAp1	Fundamental commissioning and verification	REQUIRED
EAp2	Minimum energy performance	REQUIRED
EAp3	Building-level energy metering	REQUIRED
EAp4	Fundamental refrigerant Mgmt	REQUIRED
EAc1	Enhanced commissioning	6
EAc2	Optimize energy performance	18
EAc3	Advanced energy metering	1
EAc4	Demand response	2
EAc5	Renewable energy production	3
EAc6	Enhanced refrigerant Mgmt	1
EAc7	Green power and carbon offsets	2
	MATERIAL & RESOURCES	POSSIBLE: 13
MRp1	Storage and collection of recyclables	REQUIRED
MRp2	Construction and demolition waste Mgmt planning	REQUIRED
MRc1	Building life-cycle impact reduction	5
MRc2	Building product disclosure and optimization —— environmental product declarations	2
MRc3	Building product disclosure and optimization —— sourcing of raw materials	2
MRc4	Building product disclosure and optimization —— material ingredients	2
MRc5	Construction and demolition waste Mgmt	2
	INDOOR ENVIRONMENTAL QUALITY	POSSIBLE: 16
EQp1	Minimum IAQ performance	REQUIRED
EQp2	Environmental tobacco smoke control	REQUIRED
EQc1	Enhanced IAQ strategies	2
EQc2	Low emitting interiors	3
EQc3	Construction IAQ Mgmt plan	1
EQc4	IAQ assessment	2
EQc5	Thermal comfort	1
EQc6	Interior lighting	2
EQc7	Daylight	3
EQc8	Quality views	1
EQc9	Acoustic performance	1
	INNOVATION	POSSIBLE: 6
INc1	Innovation	5
INc2	LEED Accredited Professional	1
	REGIONAL PRIORITY	POSSIBLE: 4
RPc1	Regional priority	4
	TOTAL	110

40-49 Points CERTIFIED	50-59 Points SILVER	60-79 Points GOLD	80+ Points PLATINUM

选址及交通 16分
可持续场址 10分
用水效率 11分
能源与大气 33分
室内环境质量 16分

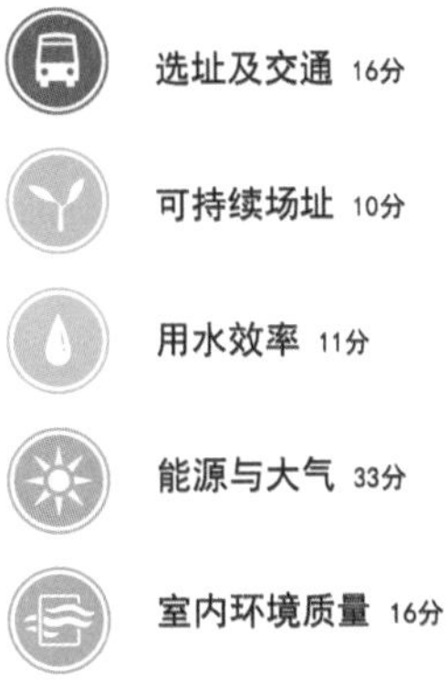

图 22　中法航空大学绿建策略

6 可互动的景观设计

规划采用"一心八岛"的江南水乡规划格局，各岛（功能组团）之间便捷联系又保持相对独立；校园中处处体现江南风韵，从水系、树木、铺装、建筑立面到中心花园的布局等。校园核心中央花园采取经典中式园林布局，主体建筑、教学组团、科研组团等采取江南院落的书院制三进两院或多级庭院结构，学生可以通过系统性的风雨连廊穿行其间不受日晒雨淋之苦。

北侧借鉴传统江南水街的布局，水陆并行、非对称的自由式布局，南侧以中轴对称的中法广场作为视线收尾，展现法式建筑庄重大方的对称美和仪式感。南北主轴线的水轴、草地及榉树大道突出强烈的仪式感，两侧的绿地为丰富的校园生活提供空间。中轴对称的广场呼应法式传统园林文化，交叉的斜线隐喻飞机起飞的行动轨迹。紧密结合"航空航天"校园主题，寓意中法文化和教育合作乘风起飞（图 23）。

图 23　中法航空大学南侧鸟瞰

结语：

中法航空大学是我们和 HENN 团队在疫情之下共同配合完成的一项设计作品，在封闭的国内外环境之下完成这样一个国际合作项目是很不容易的，尤其是当地文化良渚世界遗产、航空科技两者之间的时空差异给我们提供独一无二的创作思路。在和校方沟通的过程中深刻感受到当今高校对于以"人"为中心的核心思想，把人们对历史人文环境的感知通过建筑创作形成独特的逻辑语汇，在可持续的建筑发展理念指引下，创造这个时代"开放、智慧、绿色、包容"的绿色校园。

参考文献：

[1] 蔡璐，庄维嘉（插图），张天莹（插图），等.良渚：五千年前的都城 [J].科学世界，2020，（3）：62-75.

[2] 罗伯特·文丘里，周卜颐.建筑的复杂性与矛盾性 [J].城市住宅，2017，（6）：92.

[3] 保罗·安德鲁.保罗·安德鲁建筑回忆录 [M].周冉，等译.北京：中信出版社，2015.

[4] 诺伯格·舒尔兹，常青.论建筑的象征主义 [J].时代建筑，1992，24（3）：51-55.

[5] 隈研吾.负建筑 [M].济南：山东人民出版社，2008.

图片来源：

图片来源于方案团队设计制作。

6

中小城市建筑设计实践中的"绿色"思维
—— 兼谈绿色建筑的可感知性

鲍 冈

摘 要：如何以提升空间品质、生活品质为评估测度，是作者近年来思考可感知的绿色建筑的基本立足点。今以笔者近二十年来安徽省六安市若干项目设计实践为例，反思低碳绿色建筑理念植入设计过程的心路。

关键词：绿色建筑，以人为本，设计结合自然，可感知性

"绿色建筑"是指在建筑的全寿命周期内，最大限度地节约资源，保护环境和减少污染，为人们提供健康、适用和高效的使用空间，与自然和谐共生的建筑。国家分别于 2006 年、2014 年、2019 年多次推出和更新《绿色建筑评价标准》，近十年来绿色建筑在"创新""协调""绿色""开放""共享"的发展理念下大力推行。

笔者认为，在设计过程中，相较于客观理性地运用技术指标评价体系，设计的"绿色"思维同样重要，尤其在受经济发展和技术条件限制的欠发达地区的中小城市。设计的"绿色"思维简言之就是以人为本、因地制宜，"设计结合自然"的设计理念。现以自 2002 年以来笔者主持设计的安徽省六安市若干项目实践为例，表达些许个人思考。

1 回顾

1.1 六安市行政中心，2002 ~ 2007 年

项目建设用地位于当时主城区东南荒芜的丘陵地带，约 20ha，基地南偏东约 45°，地貌为高低起伏、变化多样的丘陵（图 1）。设计需要解决的三个主要矛盾如下：巨大建设基地与相对较小建筑规模的矛盾、复杂的丘陵地形与大型公共建筑建设的矛盾、基地规划道路走向（即基地方位）与建筑正南北向布局的矛盾。

为了解决这些矛盾，在尊重自然生态环境、减少能源消耗、充分利用自然采光和通风、改善人造环境的舒适性等方面与建设单位达成了共识，确立了分散呈网络状布局的多层单元组合建筑方式。

设计策略如下：因势利导、科学布局，将党委、政府、人大、政协四个办公单元设在四块高地上；

尊重原有地貌，因地制宜，每个单体都结合各自场地的地形设计；规划路网尽量沿等高线布置；保留基地中央现有水系；中心区域尽量少修道路，采用架空连廊联系南北办公区。局部设置底层架空，有助于减少土方量，同时为停车和辅助用房以及各种管道的布置提供便利条件（图2）。

图1
六安市行政中心片区卫星图

图2　六安市行政中心中轴线剖面图

此外，还考虑设计结合气候，针对冬冷夏热地区特点采用一系列被动式生态设计策略，通过合理布置建筑朝向，构筑建筑物的几何形态，围合特定的空间形态，利用南北面不同的开窗形式诱导自然能量按照人们需要的方式流动。

为创造兼具地方特征和现代感的建筑造型，采用了坡屋面，同时兼顾防止屋面漏雨和有利于层顶隔热保温。建筑立面显露出结构框架，立柱支撑出檐深远的坡屋顶、大面积实墙和玻璃形成的大实大虚与自然环境相映成趣。特有的形式语言体现了现代、开放、朴实、亲民的政府办公建筑形象。建筑色彩通过白色与黛色的组合进行设计，体现徽派建筑文化气息（图3）。

图3　六安市行政中心入口、内庭

该项目设计不追求政府行政中心惯常采用的高大上的建筑形象，以平和朴素贴合自然的设计手法，营造了舒适亲切的办公环境。建成后获得广泛好评，2012年被评为"十一五"期间"安徽城市十大标志性建筑"。

1.2 六安市城市规划展览馆，2009 ～ 2011 年

建筑基地位于行政中心片区西南侧，建筑基地延续了行政中心的丘陵缓坡地形，南低北高，高差近5m。总体布局充分结合地形，将展览空间置于基地南侧较低处，其上以整体的植草屋面覆盖，向北延伸与坡地直接相连。办公及辅助用房则置于基地北侧，其上部为办公用房，底部为库房及设备技术用房并与展览空间相连。展厅出入口面向两侧城市道路；办公出入口位于基地后方坡地上，经由用地边线环路进出。

总体设计一气呵成，功能分区合理明确，流线组织清晰便捷，建筑形体新颖简洁。建筑与场地实现了"锚"接。巨大的椭圆形植草屋面延续了基地后部自然的丘陵地貌，缓缓伸向城市天空，仿佛掀起的一片绿地；而覆盖在它下面尺度各异的展示空间，则浓缩了城市的历史、现在和未来（图4、图5）。

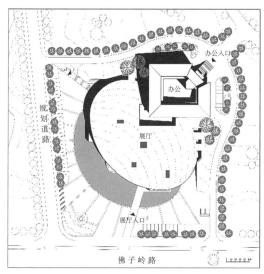

图4 六安市城市规划展览馆总平面图

图5 六安市城市规划展览馆鸟瞰图

考虑到技术条件限制和投资控制等因素，覆盖整个展示区的双曲面屋面并未选用展览建筑常用的大空间结构，而是在方案阶段即说服建设单位引入展览策划机构与建筑设计同步进行，根据各展厅的空间尺度要求，采用普通的混凝土框架结构，化大为小，确定合理的结构柱网，并借助于三维信息化设计软件精心设计。该屋面为当地最大的植草屋面，从建成后的外观和使用效果来看，均较好地实现了设计预期。

办公区简洁的矩形体量与椭圆形的展厅形成鲜明而极具张力的对比。沿立面四周逐渐升起的屋檐，使简单的形体产生微妙的轮廓变化；屋檐之下的建筑表皮，是连续的黑色板岩幕墙，赋予建筑外观视觉上的整体性和韵律感。精巧而仔细的设计，使板岩这种廉价而常见的天然材料展现出独特的表现力（图6）。

鉴于展览馆的使用特性，设计中特别慎重考虑运营成本控制问题。采用地源热泵空调系统和大面积屋顶绿化等技术措施。同时，通过内庭院和局部屋顶天窗的设置，有效提供日间照明和季节性的自然通

图6　六安市城市规划展览馆外景

风。上述设计措施在节能环保方面取得明显实效，为在当地推行低碳城市和绿色建筑的建设理念起到示范、促进作用。2011 年该项目被安徽省建设工程质量安全监督总站评为"安徽省年度代表工程"，并通过 2012 年安徽省建设工程"黄山杯"奖（省优质工程）评选。

1.3　六安市图书馆、档案馆、文化馆和科技馆（四馆）及市民广场，2012 ～ 2018 年

　　"四馆"及市民广场设计延续了原有城市空间序列，与北侧行政中心相呼应。采用富于时代感的建筑形体，结合先进技术措施，打造开放与充满活力的城市"客厅"。

　　总体布局考虑建筑使用功能的相关性，两组建筑和而不同、相对而立，主入口以城市中轴线对称设置，强化以行政中心为端点的空间序列，最大程度与两块用地之间的市民广场空间形成对话（图 7）。

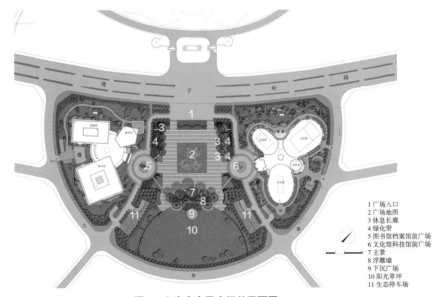

1 广场入口
2 广场地图
3 休息长廊
4 绿化带
5 图书馆档案馆前广场
6 文化馆科技馆前广场
7 主景
8 浮雕墙
9 下沉广场
10 阳光草坪
11 生态停车场

图7　六安市市民广场总平面图

　　图书馆档案馆建筑采用矩形的体形，体现理性的精神；外墙采用垂直划分的 FC 水泥纤维板和带有竖向凹槽（可开启窗扇）的玻璃幕墙，以竹简形式意象表现建筑功能性格。文化馆科技馆建筑采用圆形、椭圆形及曲线形体，体现感性精神；外墙采用水平划分的 FC 水泥纤维板和横向长窗，以极富流动性的形式意象表现艺术和科技的创造力（图 8）。

图8　六安市图书馆、档案馆、文化馆、科技馆入口、中庭

　　六安市市民广场以"青山碧水，福荫六安"为设计概念。广场下设公共停车场，提高地下空间的开发利用价值。广场地面硬质铺装以六安市域地图为蓝本，彰显地域特质。中心及两侧设主题景观装置"生命之树"，树顶覆盖多晶硅太阳能电池板，既起到遮阳避雨的作用，又兼具光伏发电和雨水回收的功能。

　　该项目设计中采用了光伏发电、地源热泵、一氧化碳监测、雨水回收利用、能耗监测、工厂预制 GRC 外墙板等新技术、新材料及绿色建筑措施，是六安市首个获得国家二星级绿色建筑设计标识的项目，为近年来六安市先后获得"国家级可再生能源建筑应用示范城市"、省级"绿色生态城市综合试点"等荣誉称号起到示范、引领作用（图 9）。

图9　六安市市民广场主题景观装置"生命之树"

1.4 六安市大别山革命历史纪念馆，2004 ~ 2006 年

项目位于老城区九墩塘公园内。原建筑为两层混凝土结构。建设单位因获得民政部专项基金计划拆除重建。设计团队从低碳环保和资源节约的设计理念出发，经过对原有建筑结构的审慎评估和造价测算，结合切实可行的设计方案，说服建设单位选择了加固改造扩建的思路。经改造后的纪念馆增加了约800m² 的展陈空间，并增设了约200m² 的学术讲堂，完善了展陈和教育功能，提升了建筑和环境品质，缩短了建设周期，在有限的资金条件下实现综合效益的最大化（图10）。

图 10 六安市大别山革命历史纪念馆改造前外景（左）、改造后外景（右）

2 启发

2019 年住房和城乡建设部发布了新版《绿色建筑评价标准》GB/T 50378—2019，与 2014 年版相比，新标准显著变化之一是评价体系更重视"以人为本"，围绕"业主感知"制定。此次修订以旧版"四节一环保"为基本约束，遵循以人民为中心的发展理念，将绿色建筑的评价指标体系调整为安全耐久、健康舒适、生活便利、资源节约、环境宜居 5 类指标。从 "以人为本"的建筑性能出发，转变 "开发者"视角为 "使用者"视角，以增进建筑使用者对于绿色建筑的体验感和获得感。

"如何让绿色建筑走出设计室，让民众可感知、可监督？" 毋庸置疑，此问题意味着"可感知性"理应成为绿色建筑的基本诉求，毕竟公众对于绿色建筑的关注度与获得感、体验感休戚相关。那么，"可感知性"是否可度量？如何达成？

回顾笔者上述在六安的设计实践，在早期的和近年严格按照标准设计取得绿建标识的项目中都力求以以人为本、因地制宜、"设计结合自然"的设计原则为原点，以 "绿色"设计思维捕捉创作灵感。结合新版《绿色建筑评价标准》，关于绿色建筑的可感知性，得到几点启发。

2.1 "可识别性"是可感知绿色建筑的要义之一

通常将可视性或者可读性作为识别差异性的指标之一，倘若物质环境或历史标识趋同性过高，那么设计意象无法被清晰地感知，即使全方位采用绿建技术，亦无法达到提升环境美感的目标。

在上述项目设计实践中，将建筑的视觉形象及其传达的文化意义置于重要地位。作为重要的城市公共建筑，除了表达其自身功能内涵，亦应体现当地历史文化积淀和地域特征。独特的造型语言与丰富的文化内涵增强了建筑感染力。

2.2 "在地性"是可感知绿色建筑的要义之二

"在地性"是指在尊重自然特征和人文积淀的前提下,建立与场地特质和地域文化相关联的空间场所和建筑形态。这既是设计立足点,又是必须一以贯之地坚持的设计原则,是提升绿色建筑可感知性的有效途径。要考虑建筑的综合功能与生态环境的稳定性和持久性,尊重当地文化内涵,发掘建筑类型特点,综合各种利弊条件,才能在整合并完善建筑功能的同时,提升整个设计的环境和文化品质。

2.3 "适应性"是可感知绿色建筑的要义之三

"适应性"指从资源节约的角度出发,设计应结合项目功能特性、场地文脉和技术条件选择适当的材料设备体系和建造技术措施。遵循适应性的设计逻辑是整体思考的必要途径,而不是仅仅从形式风格本身去考虑问题;否则可能造成立意浮夸、资源浪费,甚至民怨载道等恶果。

城市建设指导思想半个世纪以来由"空间论"转向"环境论",进而发展至"生态论"。随着科技进步,社会经由工业化、信息化向智能化纵深发展,绿色建筑亦已发展至崭新阶段。未来城市更智慧、生活更便捷、治理更精细,建筑作为人类生活的空间载体亦将成为可感知、会思考、可互动的"智慧体"。这必将改变建筑产业的生态圈,对建筑师而言是极大的挑战和机遇。

结语:

综合考虑人、环境、资源的因素,着眼于长远利益,是设计伦理的核心内容。"设计结合自然"的设计理念(1960s)至今根深蒂固,书中"建立具有生态观念的价值体系"这一要义仍具影响力。在新的历史条件下,尽管存在着地域性的经济和文化发展差异,抱有社会责任感的建筑师理应秉持该设计伦理,贯彻"适用、经济、绿色、美观"的八字建筑方针,结合科技发展以"绿色"思维处理设计实务。

参考文献:

[1] 麦克哈格.设计结合自然[M].北京:中国建筑工业出版社,1992.
[2] 刘锷东,鲍冈.人造环境与自然环境的融合——六安市行政中心规划与设计探索[J].建筑学报,2004,(2):62-65.

图片来源:
图片来源于方案团队设计制作。

7

片区开发与未来社区共推城市发展

周敏建

摘　要：以杭州富春湾新城站前综合开发项目 & 杭州富阳杭黄未来社区项目为例，探讨片区综合开发与未来社区相结合的创新建设模式，以及如何实现项目的一二三级联动，塑造未来城市节点与核心形象。
关键词：片区综合开发，一二三级联动

随着我国城镇化水平的不断提升，中国城市正从粗放式发展走向文明建设。片区开发作为中国新型城镇化下的一个产物，是推动城市发展及城市不断更新的有效方式，而未来社区更是"十四五"期间城市文明建设的新标杆，是打造未来社会理想居所的新途径。

"十四五"期间城市更新被提到了新的高度，共同富裕示范区成为当下城市建设的新理念，片区开发与未来社区的结合正是未来城市发展的一种新实践。

1　项目定义

片区综合开发通常是指以土地开发利用为基础，跨越土地一级开发、二级房产开发及三级产城运营的全生命周期的综合性开发。是通过对片区内土地资源利用和产业布局发展的新主张。从而形成一个可操作的商业路径。对片区内土地资源的价值和产业发展价值进行再挖掘。对片区内经济活动和生活方式进行更高效和更高品位的重新安排和组织。从而使所有利益相关者从中获益。片区综合开发涉及规划设计、土地整理投资、基础设施和公共设施建设、产业发展服务和运营服务等多项建设服务内容，常见的片区开发，包括新城新区开发、园区开发、城市更新、特色小镇和田园综合体等。

未来社区则是为贯彻十九大提出人民对美好生活的向往为基础，借鉴新加坡"居者有其屋"计划和日本"5.0 社会"，结合浙江省"两个高水平"建设目标要求，秉承"以人为本""去房地产化"原则，要以人为本，文化引领，坚持房子是用来住的，不是用来炒的定位，以人为核心，融合先进文化和现代生活，引领高品质生活方式革新。在 2018 年开始探索研究、调研，并于 2019 年 3 月 21 日，浙江省发展和改革委员会印发《关于开展浙江省未来社区建设试点申报工作的通知》（浙发改基综〔2019〕138 号），一时激起众多浪潮。

2　携手推进

片区开发与未来社区之间既包容又存在区别，未来社区是片区开发的一部分，也是片区开发的一种特殊形式，它们都倡导一个区域的统一开发、统一建设及统一运营。社区作为城市的基本单元，它的开发思路和建设模式指引了我们片区未来落地的建设方向。实际操作中片区开发想要实现一二三级联动，需要突破很多的政策壁垒。土地在出让过程中不允许设置条件，这样就活生生地切断了二级联动开发的路径。而未来社区的提出为片区开发中一二三级的联动提供了一种新途径，在未来社区建设中，允许带方案招拍挂，这意味着在片区整体谋划中所希望打造的城市形象、节点可以通过未来社区形式将方案贯彻落实下去，进而实现片区的真正价值。

3　项目实例

以杭州富春湾新城站前综合开发项目 &杭州富阳杭黄未来社区为例（图 1）。

这是一个典型的片区开发 + 未来社区的落地实践项目，杭州富春湾新城站前综合开发项目属于片区综合开发类项目，而杭州富阳杭黄未来社区是浙江省第二批未来社区试点项目，两者的结合实现了项目的一二三级联动。

富春湾新城位于富春江南岸，是富阳城市建设的主战场、产业转型的主阵地，拥有巨大的发展空间和后发潜力，必将成为浙江

图 1　杭黄未来社区鸟瞰图

省后城市化时代高品质生活、高水平创新、高质量发展的示范引领区（图 2）。

富春湾新城站前一平方公里是富春湾新城的门户，也是新城全面开发的启动示范区，整体以一体化发展为导向，按照浙江省"未来社区"模式全面深化。2019 年由中交城投中标取得该项目的片区综合开发权利，由于该项目位于高铁站前核心区域，社会各方都极力希望在这里创造一个具有富春湾新城门户特色的核心区，而本身中标的杭州富春湾新城站前综合开发项目中没有二级开发建设，主要合作内容以打造一平方公里内的基建公共服务配套，生态景观廊道及部分产业导入为核心，因此经过多方考虑认证，为实现门户地位及实现现代版富春山居的演绎之地。恰逢 2019 年浙江省推出未来社区建设，因此，2020 年初项目组决定申报第二批未来社区，一来提升片区内的整体基础设施水平，二来通过带条件出让的利好模式实现片区门户的打造，在开发模式上为富春湾新城的亮点工程和核心工程保驾护航。项目2020 年 3 月申报浙江省第二批未来社区并组织编制未来社区申报方案，由于项目良好的资源优势以及

图 2　杭黄未来社区区位图

一级开发的提前介入，很快方案就获得浙江省发展和改革委员会的认可并同意申报，在设计之初，项目结合杭州市土地出让的条件，一宗地按不超过300亩住宅面积进行挂牌的原则，将未来社区实施单元中的经营性用地整体打包，并将其余公益性用地（学校、安置房等）全部划入一级开发中，实现了区域内主要公共服务设施和地标性建筑的统一开发、统一建设和统一运营（图3）。

图3　土地出让情况

项目围绕人居、产业、文化、配套四大提升方向，以"富春山居"为特色、TOD开发为引领、数字建设为导向、生态建设为标杆。方案突出人本化、生态化、数字化三维价值导向，围绕社区全生活链需求，以和睦共治、绿色集约、智慧共享为内涵特征，构建以未来邻里、教育、健康、创业、建筑、交通、低碳、服务和治理等九大场景创新为重点、引领未来生活方式变革，实现人民对美好生活向往的目标。

在项目所在的113ha土地上，重点打造16万m²中央CBD商务中心，34万m²高品质山水住区，35万m²高端安置区（图4）。并落实浙江省人民医院富阳院区、省级小学、产业办公、人才公寓、高铁站等项目，依托"高铁+地铁+公交"复合的TOD开发优势，借山水富春之高雅，融未来社区之理想，精雕细琢3化9场景，勇于创新，力图引领当代人居，绘出一副"富春新画卷、山水会客厅"的绝妙佳境。

图4　总体功能图

4 项目亮点

1）以人为本——项目未来可容纳人口2万人，服务人群5万人，满足人民美好生活向往是项目的核心，围绕生产生活链服务需求，引入研发孵化、公共服务、创新创业、品质居住等业态，打造功能复合、配套完善、宜居宜商的新富春门户空间（图5、图6）。

2）创新智慧——富春湾新城以机器人、光电激光、芯片等高科技产业为主导，对创新人才、高科技人才需求强烈，片区将建设创新学院、创新论坛、创业空间为人才提供优越的发展平台，成为人才向往的生活社区（图7）。

3）活态传承——深入挖掘富阳历史积淀和场地文脉，将区域产业变迁史活化成可触摸感知的景观元素和公共空间，构建社区文化主题，唤醒社区记忆，以文化情结作为社区交往纽带，形成和睦友爱，团结向上的未来邻里。

4）交通便捷——以步行＋地铁为首选交通，优化高铁、公交、出租与地铁换乘路径与时间，建设空中绿道和无雨连廊，提升步行体验。

5）绿色低碳——建筑采用装配式和超低能耗被动技术相结合，健康舒适、节能环保；垃圾全面智能分类，垃圾处理率和资源回收率双提升。

6）智慧运营——基于CIM构建社区智慧大脑，以幸福里云平台覆盖社区服务、运营和管理，实现平台闭环、O2O闭环、服务闭环、运营闭环、管理闭环。

7）韧性之城——基于健康数据、安防数据、管家数据与管理机构平台的数据互联共享，建立起实时更新的监测预警、应急处理、协同防御体系，面对重大突发事件将能有效处理和减少负面影响。

8）空中花园——建筑风貌采用拟山筑城手法，巧借自然之法，塑造户户临绿，家家有园的空中花园城特色（图8）。

图5 门户区鸟瞰

图6 门户区透视

图7 人才公寓建设

图8 屋顶花园建设

5 项目实施

富阳区政府以未来城市、未来社区、未来乡村、未来工厂等"未来系列"场景的顶层设计对富春湾新城进行整体规划建设，中交城投以全产业链资源优势和全生命周期运营管理能力全力投入。未来沿站前公园向外舒展出一幅美好生活的富春新画卷，一个美丽宜居、智慧互联、绿色集约、创新创业、和睦共治的未来之城，将在富春山水间呼之欲出，成为令人神往的理想家园，成为新城扬帆启航的风景线（图 9 ）。

图 9　总平面图

项目以片区综合开发为基础模式结合未来社区建设的创新模式，范围内将吸引投资约 200 亿元，预计 3 年时间完成投资建设，5 年时间整体进入运营期。其建设速度远超传统开发模式，也为富春湾新城的打造及形象建设奠定了良好的基础。

结语：

中交城投作为国内专业的城市综合开发运营商，与富春湾集团以"策划规划、投资建设、招商运营"的全产业链合作方式，打造杭州未来城市建设标杆。片区综合开发与未来社区相结合的创新建设模式实现了项目的一二三级联动，其核心价值在于能为城市塑造所希望的城市节点和城市核心形象，并在减少政府负债，缩短建设工期，保障资金和控制项目品质上起到关键作用。

图片来源：

图片来源于方案团队设计制作。

二、可感知的绿色建筑

◇ **可感知的绿色建筑价值及应用研究**

于天赤　　郑　懿

摘　要：近年来，绿色建筑评价标识项目受到了越来越多的关注。绿色建筑侧重于建筑物理性能表现，采用严格的定量方法进行评定，忽略了对使用者感受的关注，缺乏基于使用者感知的主观评价。因此，虽然大量建筑项目取得了绿色建筑标识，但仍然难以确定这些项目是否满足使用者对绿色建筑的期望值和需求，也难以将用户反馈作为改良绿色建筑的依据。如何将绿色技术可感知化成为绿色建筑发展的当务之急。本文从可感知角度出发，通过对国内外文献调研提炼出六大可感知项：采光、通风、声音、资源、绿化、友好。并进一步论证可感知项与"五感六知"的对应关系，从而构建了可感知绿色建筑可量化指标体系。

关键词：可感知，绿色建筑，指标体系，价值及应用

1　研究背景

现阶段经济飞速发展，资源的高消耗使得地球的生态环境不断遭到破坏，正是面对这种恶劣的环境现象以及刻不容缓的资源危机，绿色建筑在"可持续概念"下应运而生。经过不断的发展，绿色建筑设计已经形成了一个由自然生态环境、人类建筑活动和社会经济系统构成的综合体系。

住房和城乡建设部原副部长仇保兴在 2015 年的第十一届国际绿色建筑与建筑节能大会主论坛上的报告更是明确提出绿色建筑未来三大发展前景：（1）让民众可感知；（2）互联网 + 绿色建筑；（3）更生态友好、更人性化的绿色建筑。一方面，要用以人为本的原则进行绿色建筑设计、建造，注重绿色建筑的可感知性能，提高人在绿色建筑中的舒适度。绿色建筑要给使用者带来环境宜居、健康舒适等心理、生理价值认可，让普通市民知道什么是绿色建筑，以及绿色建筑能给生活带来哪些好处；另一方面，随着 IT 技术的发展，可将绿色建筑可视化和可比化，让普通市民切实感知到绿色建筑带来的数据的改变，"互联网 +"将是实现绿色建筑可感知的有力手段，大大提升人民群众的获得感、幸福感和安全感。

2　国内外文献综述

国内外可感知技术的发展具有建筑系统智能化的趋势，国内在可感知研究上还存在差距。文献调研

从经济、社会、人文、管理、行为等多角度多方面来印证和研究，更为深入、全面地分析研究了国内外绿色建筑可感知的研究现状、国内外三大标准与可感知应用。

2.1 国内文献研究

2.1.1 国内研究现状

随着绿色建筑的发展，现有的绿色建筑评价体系多针对绿色技术方面的定量分析，基于绿色建筑可感知研究仍处于探索阶段。

对心理层面的相关研究，有学者通过分析建筑师斯蒂文·霍尔的研究与代表作品，来讨论建筑中光线、空间、视觉三者与人体感知之间的关系，反映了光线与空间对建筑环境氛围的塑造；或是运用格式塔心理学视知觉原理系统地提出了建筑心理空间的概念，分析了其特点和价值，并从相似性、接近性、完形性和封闭性四个组织原则出发，结合大量实例研究了建筑心理空间产生的条件及感知强度等。

从建筑交互的角度出发，研究如何赋予建筑感官来帮助人与建筑相互感知。一些专家学者提出了有知觉的建筑这一概念，从人类的"五感"延展至建筑的"五感"，描述了一个如同生命体的建筑可以从哪些方面来建立其知觉系统，结合技术与案例，分析了建筑建立知觉系统的意义，展望未来建筑发展方向的可能性。也有学者梳理了交互建筑设计不同阶段的实现（表象）及其框架，探讨科学技术发展之后交互建筑的趋势与展望，通过高新技术为用户感知建筑提供了更多的可能方式。还有研究分析了建筑中与人体五感相关的环境因素，特别提出了建筑环境与用户交互的感知行为。深圳建筑科学研究院的大楼就运用了这一理论，将建筑"从传统的物变成五感六性，通过视觉、触觉、听觉、体感和环境产生连接"，使建筑有了生命。

从现有评价体系入手，研究现有体系的感知关系。针对目前建筑能耗评价中各种分析模型的特点，有学者以室内空间感知理论为依据，提出了室内空间感知模型，将影响建筑能耗的室内空间划分成环境部分、能耗部分和情境部分，定义了每部分的概念、研究内容、组成要素、信息获取方法等，形成了一套完整的建筑能耗分析框架。并将室内空间感知模型应用于建筑能源管理中，提出了基本分析流程。

从感知的实际运用意义进行研讨，有研究讨论了除视觉以外的建筑感知方式，同时分析了视觉障碍者认知特征及听觉对他们的重要性，论述了音乐对视觉障碍者的认知帮助与情感治疗方面的作用，在此基础上，对视觉障碍者通过声音和音乐感知建筑环境的技术支撑及可行性作了分析，让视觉障碍者通过听觉更好地感知到建筑环境，满足更好的生活需求。

由于绿色建筑在我国推行时间较短，虽然国内现有的研究已开始关注人对建筑的感知问题，但仍以单项研究为主，还未能成系统地对建筑的综合可感知度问题进行整理，也未能对提升建筑可感知度给出明确指标体系。且目前对建筑可感知的研究中，针对绿色建筑的研究相对匮乏，并没有形成有逻辑的理论体系。对于绿色建筑的可感知体系的建立，还需要更多的理论及实践研究来支撑。

2.1.2 国内《绿色建筑评价标准》与感知

不同于旧版的《绿色建筑评价标准》GB/T 50378—2014 仅限于对"节约"方面的考量，新版《绿色建筑评价标准》GB/T 50378—2019 在原有基础上，绿色建筑的性能已从最初的"四节（节地、节能、节水、节材）一环保"，逐步发展为"五大性能，即安全耐久、健康舒适、生活便利、资源节约、环境宜居"，开始显示出对处于建筑环境中的人的关怀，其中就有一些条款，体现了对人体感知的关注和重视。

"安全耐久"章节中，一些条款要求建筑采用合理的设计和适当的材料，让人在建筑环境中感知到危险的远离和对人身安全的保障。警示牌、引导牌等标识让人明确身边的潜在危险以及紧急避险的方向，或是通过缓冲区、隔离带、人车分流等措施将人与风险来源隔离，满足了人趋利避害的本能的需求。通过对人行地面的选材和其他防滑措施，让行走在路面上的人通过触觉感知到摩擦力的存在，而进一步感知到步行的安全性。

"健康舒适"章节的出发点就是让建筑环境中的人感受到健康与舒适，因此章节所有条款都与人的感知有所关联。在空气质量方面，通过控制空气污染物浓度、减少污染源、阻断污染物传播途径，避免异味对嗅觉上的刺激，同时降低了污染物对人体健康的威胁。在生活水质与水系统方面，对污染物浓度、浊度、溶解金属含量等提出了要求，从嗅觉、味觉、视觉三个感官让人感知到生活用水的品质。在热湿环境方面，不仅对于通风、温湿度等参数提出标准，还要求热环境调节装置可独立控制，满足了不同个体对热湿环境体感的差异化需求。在声光环境方面，主要对采光、照明与隔声提出了要求，使环境符合人视觉、听觉的感知需求。

"生活便利"章节则侧重于提高公共资源的丰富性，兼顾不同人群的生活需求，其中有很多都可以在日常生活中被用户感知到。交通网络、公共空间和公共服务共同组成的建筑周边环境，可让人们在日常生活中感受到公共资源带来的便利性。建筑运行参数的数据化和智能化，将不可被直接感知的项目以视觉形式展示给用户，使人们可以感知到绿色建筑性能的存在。无障碍和全年龄设计对于特定人群来说，有着极高的实际意义和感知度。另外，绿色教育和宣传则从提高用户对绿色建筑性能敏感度入手，来提高人们的感知度。

"环境宜居"章节进一步地对建筑周边环境质量提出了要求，通过景观、生态和物理环境的营造，让用户在建筑以外也能感知到建筑带来的绿色性能的提高。合理的照明设计、建筑设计和场地设计，可降低光污染、热岛效应等带来的视觉、触觉和心理上的不适感。景观植被与场地绿化带来的视觉感知度是最强烈的，给用户以最为直观的绿色性能视觉感知。新版《绿色建筑评价标准》更是在最后的"创新与提高"章节中提出了"绿容率"这一重要的量化指标，较之传统的"绿地率"指标更能真实反映场地绿化状况，在应用中更加合理，因而与感知程度有更高的契合度，在标准中得以推广。

2.1.3 国内《主动式建筑评价标准》与感知

主动式建筑（Active House）提倡充分利用自然资源，自然通风，自然采光，利用建筑的周边环境、周边植被、地理环境，还有建筑的朝向、体型、气候变化等，通过设计手段节能，实现健康可持续性的建筑。为达到"健康可持续性的建筑"这一目的，《主动式建筑评价标准》T/ASC 14—2020 从两个维度对建筑的可感知性进行了思考，一是建筑对环境的可感知，二是用户对建筑环境的可感知。

首先是建筑对环境的可感知，《主动式建筑评价标准》T/ASC 14—2020 提出独特的建筑可感知方式，即体现"主动"，"主动性"章节的二级指标就有"主动感知"这一项。该章节明确提出赋予建筑可感知能力的要求，将传感器作为建筑的感官，读取室内外环境数据，并使建筑可依据温湿度、亮度等环境情况主动地调节自身的运行机制，从而让建筑主动适应环境的变化。

其次是用户对建筑环境的可感知，《主动式建筑评价标准》T/ASC 14—2020 中，"舒适"章节则是从人的感知出发，对室内环境中可被用户感知、对用户的舒适体验有影响的环境因素作了要求。这些因素不仅包括温湿度、采光、照明、噪声、空气污染物含量这些感官的直观体验，还有与人的行为与心理相关的感知项。例如景观窗的设置与楼梯间的阳光，便是让用户与自然接触，感知到自然的存在，从心理上迎合人类对自然的本能追求。可调节的座椅和台面，则让用户在动态行为中缓解疲劳，感知到身体上的舒适。

另外，《主动式建筑评价标准》T/ASC 14—2020 的评价方法，是本研究重要参考与依据，其评价方法有以下几个特点：

1. 从整体上，标准的条款分为控制项、评分项及优选项。其中控制项与评分项与其他标准类似，分别为强制与非强制条款。而优选项则与其他标准有所区别，差异点有两个：一是优选项放在每个章节之后，针对各章节的目标提出更优要求，而非独立成为一个章节（即其他评价标准中的"提高与创新"章节）；二是优选项有 20% 的最低达标率要求。

2. 评价结果的展示方式与其他评价标准有所区别。不同于《绿色建筑评价标准》GB/T 50378—2019 和《健康建筑评价标准》T/ASC 02—2016 仅展示总分数字,《主动式建筑评价标准》T/ASC 14—2020 以雷达图的形式,完整反映了各一级、二级评价指标的质量,同时直观反映了项目得分优先级、总体质量概况等信息。

3. 评价结果的等级划分方式并不是通过得分评定星级或奖牌,而是通过好、更好、最好来较为模糊地表述对项目整体质量的主观评价。

2.1.4 国内《健康建筑评价标准》T/ASC 02—2016 与感知

自 2019 年新冠肺炎疫情对社会有着颠覆性的冲击,在长时间居家隔离的过程中,人们对于建筑室内环境的健康性能有了深刻的感知。如今社会进入了后疫情时期的新常态,出行、办公、休闲等方方面面都与之前有着明显差异,人们对于健康的关注更是到了前所未有的高度,在这样的背景下,《健康建筑评价标准》进行了新版本的修编,对建筑的健康性能提出了更高的要求。标准条款涉及的健康因素均是人们密切关注的方面,因此有着极强的用户感知度,在后疫情常态的推动下,这种用户感知度在接下来一段时间内还会不断提高。

"空气"章节对空气质量提出了具体的要求,包括对空气污染物的量化规定和技术手段的推荐。其中甲醛、挥发性有机物、甲苯等有刺激气味的污染物是人体感知最明显,也是社会广泛关注的因素,而 PM2.5、CO、CO_2 等会引起生理反应。还针对中国人的饮食习惯,专门对厨房油烟控制提出了要求,使油烟不至于扩散到其他室内空间,与传统厨房的区别容易被中国人感知。

"水"章节对生活用水的水质和水系统提出了要求。直观上,水封能防止污水废水的气味进入室内,给用户以洁净的体验;低硬度饮用水的口感和水壶中更少的水垢则从味觉和视觉上给用户更好的品质感。对于人感知度较弱的污染物,通过水质检测将参数显示出来,帮助用户感知水质状况。

"舒适"章节主要通过控制建筑环境的物理性能来满足人们的感官的舒适度,这种舒适度虽然因人而异,但是感知度最为直接与敏感。声音方面主要是通过分区和隔声来控制室内噪声等级,提高用户的听觉舒适度。热湿环境方面主要是通过自然通风、遮阳、人工制冷制热来保持热湿环境在适宜范围内,提高不同人群的触觉舒适度。而光包含了亮度、色温、频闪等更多的参数,各参数均需要保持在特定范围,来满足形成清晰视觉的基本需求。另外还从人体工程学方面做出要求,使空间尺度符合人们的行为习惯,使用户感知到便利。

"人文"章节考虑的是人精神上的需求。配备充足的公共交流场地与私人空间,符合人们在不同情感状态下的需求;景观艺术设计的加入提升了空间的品质感,也有助于缓解紧张的情绪;防滑材料、全年龄设计、无障碍设计让所有人群都感受到安全保护。这些细节的加入,可让所有人群都感知到环境中无处不在的人文关怀。

"服务"章节侧重建筑运行过程中的建筑环境保持与对用户的教育。在运行过程中对建筑内外环境进行全方位监测与公示,让用户感知到建筑性能被有效地维护。组织活动推广健康建筑、健康生活、健康社区的理念,则可以提升人们对于健康因素的敏感度。

2.2 国际文献研究

2.2.1 国际研究现状

在检索国外文献时,主要是通过热舒适性、声环境、光环境等几项进行单独搜查,并根据其采用的研究方法及所涉及的可感知项进行分类归纳。典型的研究方向有以下几个方面:

1. 人体热感觉指标。人体通过调节皮肤温度来平衡热量的获得和散失,因此利用皮肤温度作为评价热感知的指标具有重要的潜力。一些学者研究了室内空气温度,二氧化碳浓度,空气流速等参数对于热舒适性的影响。研究分析了皮肤温度与整体热感觉之间的相关性，探讨了利用人体皮肤温度评估热感知的可能性。研究结果显示，皮肤温度变化率（梯度）更符合热舒适条件，而不是参与者的实际皮肤温度水平。手腕处的皮肤温度更具有代表性。

2. 智能传感器反馈技术降低能源消耗。多项研究通过实验分析不同类型建筑（商业、办公等）中灯光控制系统与能源消耗的关联性，证明通过集成传感器技术实施智能照明控制系统可减少电力消耗和温室气体排放，同时提高使用者的视觉舒适度。

3. 使用移动监控平台自动评估室内环境品质。室内环境质量（IEQ）是建筑环境的一个关键方面，以确保居住者的健康、舒适、福祉和生产力。一些研究通过综合使用图像传感器，二氧化碳溶度传感器，温度传感器，有机化合物传感器等自动测量设备，构建了室内空气品质的自动移动监控平台用来评估室内环境品质，使室内环境可被更直观地感知。

4. 利用生态环境反馈系统达到节能目的。有研究利用调查问卷形式调研了不同地区、不同形式建筑物内人对室内环境舒适度的评价指标，根据研究结果针对不同建筑类型制定不同的节能减排策略。也有研究利用 BIM 进行了在生态反馈系统中基于建筑信息模型的能量可视化的研究，拓展了提高建筑能源利用率的途径。

5. 用户行为与绿色建筑的关系。一项典型的研究强调了对宿舍建筑节能的能源行为分析的重要性。更具体地说，长期行为对居住者使用行为的重要性，分别观察了宿舍居住者长期持久的合理能源使用行为，因此，基于对居住者行为状态调查收集的数据，有针对性的意识和教育行动是必要的。

6. 性别因素对室内环境质量感觉的影响。Kim 等人通过挥发性有机化合物传感器测量室内有机污染物含量，研究工作室内空气品质以及对不同性别人群的影响，指出不同性别的居民对室内环境质量的感觉具有差异。

由上述调研文献可发现，国外绿色建筑与可感知的资料研究、可感知技术的发展具有建筑系统智能化的趋势，无须人为地对室内及相关参数调控即可满足对舒适度等一系列指标的需求，即集结构、系统、服务、管理及它们之间最优化组合，达到节能减排的效果，并向人们提供一个安全、高效、舒适、便利的建筑环境。

2.2.2　国外绿色建筑评价标准与感知

1. 美国（LEED）与感知

最新版的美国绿色建筑评价标准（LEED v4.1）对建筑全方位性能进行了高质量的要求，将绿色建筑性能分为"位置与交通""可持续场地""节水""能源与大气""材料"和"室内环境质量"共六个项目进行评价，各评价项目主要是以定性或定量的方式对建筑本身的性能提出客观要求。尽管 LEED 的侧重点在于建筑本体的性能，很多评价项目也与用户主观感知有一定程度的关联。具体如下：

"位置与交通"章节通过合理的选址保护土地资源，通过为建筑用户提供便利的周边基础设施来减少交通带来的能源消耗与污染。其中周边设施的便利性与用户的日常生活行为关系密切，用户感知相对强烈。例如在自行车设施中提出的专用自行车停放点会让人感到安全，而淋浴间则让用户在骑行后感受到舒适。当下，人们对生活区周边的基本设施配套高度关注，充足的配套设施会提高用户的生活幸福感。

"可持续场地"章节对项目全周期的场地内部环境质量提出了要求，涵盖了从建设中到运营后的各个时段。其中，开放场地设计为用户提供良好的空间感受，雨水收集能使地面保持干燥而不至于对用户造成干扰，这些可以从日常行为上让用户感受到舒适。而降低光污染、降低热岛效应带来的积极效益则可从视觉和触觉上被用户直接感知到。租户设计建造指南则从教育层面出发，向用户展示绿色建筑的内容，提升用户的主观感知能力。

"节水"章节对水资源利用提出了要求，相对来说用户的感知度较低。其中，水计量的手段可通过计量数字、统计数据来展示用水情况，一定程度上提高节水的用户感知度。

"能源与大气"章节对能源消耗和碳排放提出了要求,与"节水"章节类似,此章节同样通过计量的方式展示能耗情况,提高用户对能源节约的意识和感知。

"材料"章节对装修和家具材料的污染物含量及性能提出了要求。其中对致癌无机物和挥发性有机物含量的指标要求,与人体健康息息相关,然而这种健康性能大多只有用户在长时间暴露于室内环境后才能感知,个别有气味的挥发性有机物可能具有相对强烈的感知度。而建筑产品材料性能的公开,则是将不可直接感知的项目进行公示,以数据形式提升用户对材料的感知度,同时也从心理上给用户安全的体验。

"室内环境质量"章节对室内的声、光、热、空气质量四个环境因素提出了要求,这四个因素分别与人的听觉、视觉、触觉、嗅觉紧密关联,相较于其他章节具有更强的可感知度。建筑的隔声处理阻挡了噪声的传递,给用户安静的氛围和隐私的保护感。日照和人工照明共同形成了合理的光环境,给用户视觉上的舒适体验,同时,充足的日照和户外视野又让用户感知到与自然的联系。通过良好的通风和供暖来维持室内的温度,是最容易被用户感知到的环境因素之一。采用低逸散材料等措施可改善室内空气质量,长时间下对用户的健康有利,具有一定的感知度,而室内禁烟则是用户更容易感知的措施。

2. 英国(BREEAM)与感知

作为全球首个绿色建筑评价标准,英国的"环境评价法"(BREEAM)绿色建筑评价体系在欧盟国家间广泛实践,在多年的版本更替后,评价项目不断细化和筛选,目前标准分为"管理""健康与福祉""能源""交通""水""材料""废弃物""土地利用与生态""污染"共9个章节。与 LEED 不同的是,强制条款整合在各评价项之中,而非独立成为一个强制项,这样的分类方法使评价系统更加紧凑。BREEAM 对可感知的考量也体现在各条款之中。

"健康与福祉"章节直接关注建筑环境中的人,因此与人的感知关系最为紧密,标准的可感知项目也多集中在这一章节中。该章节全面涵盖了视觉、听觉、嗅觉、味觉、触觉五个方面的感知内容。

"能源"章节与"水"章节均是通过计量的方式来量化耗能耗水状况,以数据形式展示给用户,使其可被感知。

"交通"章节的公共交通可达和周边基础设施配套,为用户提供边界的日常生活场景,在日常生活中的行为感知明显。而针对住宅的家庭办公场所要求,则为用户提供了更加灵活的办公场景,而不完全依赖于通勤交通,潜移默化地改变用户生活习惯,也是容易被感知到的变化。

"废弃物"章节从减少废弃物产量和废弃物分类处理两个方面提出了技术手段建议。其中,废弃物分类处理要求在建筑中为不同废弃物设置专用回收点,清晰地标识出不同废弃物的归类方法,这样能对用户形成正确的教育和引导,让用户在使用过程中感知到绿色建筑的意义。

"土地利用与生态"章节主要目的是保护场地现状的生态环境。生态环境在当下社会中越来越被关注,人们对场地绿化情况、生态维持的意识日益增强,因此条款中对建设期间及长远的场地生态保护具有较高的社会感知度。

"污染"章节对项目场地可能出现的污染源进行了限制。其中,抑制光污染与声污染可提高人的视觉、听觉舒适度,可感知度极强。而径流控制能减少地面积水情况,在下雨天为用户提供便捷的交通途径,也具有一定的可感知度。

2.2.3 国外主动式建筑评价标准与感知

Active House 建筑体系是与 DGNB、LEED、BREEAM、WELL、PHI 并行的国际六大建筑标准评价体系,它们分别专注于建筑的节能、环保、可持续领域,甚至有些还关注了建筑中用户的健康和生活方式,但不同体系的聚焦领域和技术路径有所不同。主动式建筑 Active House 的理论,由 2002 年正式成立的主动式建筑国际联盟(Active House Alliance,简称 AHA)提出,此联盟在欧洲国家进行各种学术研究和实践后，出台了《主动式建筑国际标准》（简称"AH 建筑标准"）。AH 建筑标准打造健康舒适（IAQ，热舒适，光舒适，噪声）、能源效率与环境可持续三者之间平衡的室内空间。涉及的可感知项包括采光、通风、资源、友好四部分（图 1）。

AH 建筑标准共分为"舒适""能源""环境"三个章节，各章节又分为三个细则。其中仅有"舒适"具有较强的可感知度。

"舒适"章节旨在创建舒适健康的建筑室内环境。确保室内充足的日照量，一方面可以提供舒适的视觉体验，另一方面高水平的日光和优化的视野会对人们的心情产生积极的影响。对室内温度的上限和下限进行了严格的控制，使体感温度长期处于适宜范围内。充足的新鲜空气供给则减少了室内污染物的聚集。这些条款在视觉、触觉和嗅觉上具有相当的可感知度。

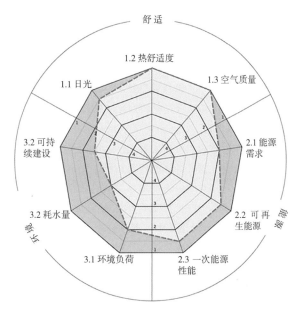

图 1　主动式建筑评价指标

2.2.4　国外健康建筑评价标准与感知

美国 WELL 建筑标准描述了房地产或其他室内环境相关项目为达到国际 WELL 建筑研究院的 WELL 认证要求所需满足的一系列条件。WELL 建筑标准将设计和施工的最佳实践与有据可循的健康干预措施有机结合，利用室内环境促进人体健康、提高福祉和舒适度。取得 WELL 认证的空间有助于提高其用户的营养、健康、情绪、睡眠、舒适度和表现。这些改善一定程度上是通过实施旨在鼓励健康、更积极的生活方式、减少用户暴露于有害化学物质和污染物的战略、方案和技术来实现的。

与 LEED 标准不同的是，WELL 建筑标准不设置总分数，而是通过判断满足的条款数量来划分等级。社区是 WELL 建筑标准引入的新概念，强调公平性、社会凝聚力和参与度，显示出 WELL 建筑标准将不仅仅局限于建筑物层面，而是将作为一个社区或城市级的健康标准使用。这种对人的主观体验和社会整体体验的高度关注，使得 WELL 建筑标准中的条款全部与人的感知有着直接或间接的联系。

"空气"章节确保建筑在全生命周期内的室内空气质量。其中用户感知度最高的是运营过程中涉及的无烟环境、自然通风、空气过滤和新风系统等措施，人体能敏感地感知到空气中高浓度的刺激性污染物，新鲜的空气能让嗅觉和呼吸道保持舒适。微生物和霉菌会散发出有害气体、异味以及视觉上引起反感，因此对微生物和霉菌的控制能从视觉和嗅觉上让人感受到环境的品质。对建筑空气污染物监测和公示则是将难以感知的空气参数以数据形式展示给用户，使其更容易地被感知。

"水"章节主要从确保水质和引导饮水两个方面保证用水健康。其中特别规定了饮用水口感相关物质含量，使饮用水符合人体味觉的适宜范围，是可感知度非常高的条款。饮用水推广则是通过合理地设置饮水点，让用户随时可以获取饮用水，在日常生活中给用户方便的体验。

"营养"章节旨在向用户提供健康的饮食环境。食物广告和营养教育是对人们饮食习惯的改善，食物信息的展示和提供特殊膳食让用户感受到全方位的关怀。这些信息与人们的日常生活关系紧密，具有一定程度的可感知度。

"光"章节关注建筑室内光环境的营造。通过日照和人工光源的合理设计，使室内光环境处于舒适区间内，避免过暗或眩光对人体视觉造成干扰。该章节还特别提出了照明环境控制的要求，允许用户根据使用场景和习惯调节光环境参数,在交互中提高用户对光环境的感知度。

"运动"章节通过设计和政策鼓励人们积极运动。对通道网络进行优化正是从人的感知出发,通过在通道加入艺术、音乐、自然景观等元素,刺激人的各个感官,使人们更愿意选择步行的方式代替电梯。设置专门的健身空间,在公共空间摆放健身设备或是在办公空间设置运动工位,则是通过非寻常的功能设计带来视觉冲击,诱导用户使用健身设备。向用户提供可穿戴设备则是利用现代技术方式,让人们实时掌握自己的身体状况,感知到运动的必要性。

"热舒适"章节与"声环境"章节对室内环境的热湿性能及声学性能提出了量化的要求。热湿环境是人体皮肤最敏感的环境因素之一,良好的热湿环境是保证舒适的必要条件。其中热环境监测帮助量化热湿环境指标,提高环境的可感知度。个人热舒适调节则与照明环境控制一样,让用户进行个性化的环境调控,也可有效提高人们对环境的感知度。而声环境则主要是对隔声性能提出了要求,辅以声掩蔽等技术手段,避免用户受到噪声干扰。

"材料"章节对建筑中使用的装修、家具的材料提出了要求。材料的污染物含量本不容易被大众感知到,因此章节中提出了材料透明度的要求,使材料的健康性能可通过数据和标识被感知。

"精神"章节与"社区"章节跳出了建筑本身的范围,将关注点完全转移到建筑中的人身上,通过各种政策来满足人作为个人和群体一员的精神追求。

3 绿色建筑可感知后评估调研

3.1 调研简介

3.1.1 调研目标

为了充分了解绿色建筑使用者对其感知程度和认知,本章通过对深圳市已投入使用的绿色建筑进行后评估调研,分析影响绿色建筑可感知度的因素。通过整理分析调研数据,从总体以及各性能维度来解析使用者对绿色建筑的主观感知程度,梳理出绿色建筑可感知的量化指标。

3.1.2 调研方法

此次研究采用"调研式"后评估,通过调研绿色建筑的使用者,了解绿色建筑中可感知项及用户对其敏感程度。首先按照人体不同的感知的维度,梳理出《绿色建筑评价标准》GB/T 50378—2019 中的可感知条文,然后将提取的感知项根据被感知的绿色建筑性能进行分类,形成调研问卷 9 大部分:绿化生态、环境健康、智慧、室外环境舒适性、室内环境舒适性、全龄友好、节约环保、安全防护和总体评价。依据调研项目类型分别设置住宅、办公和学校绿色建筑后评估调研问卷。通过现场问卷收集、线上问卷收集,以及项目现场随机选用用户进行一般问答或深度访谈,对问卷数据整理、分析归纳,最后提炼绿色建筑可感知指标(表 1)。

调研方法   表 1

1	感知项提炼	明确人体感知的维度;从 2019 年版《绿色建筑评价标准》进行提取
2	形成问卷	将提取出的感知项进行分类,形成调研问卷 9 大版块
3	后评估调研	线上问卷结合现场问卷;一般问答结合深度访谈;项目现场随机选择建筑使用者
4	问卷数据分析	问卷初步筛选整理;数据提炼分析归纳
5	提炼可感知指数	根据项目类型以及"六知"提炼可感知指数

3.1.3 调研范围

此次调研项目针对深圳市 2021 年 2 月 28 日前已获得运行标识和 2019 年 12 月 31 日前获得设计标识，且已竣工验收并投入使用一年以上的住宅、办公、学校建筑进行筛选。除此之外，住宅、办公建筑还应满足一定条件的入住率。

因深圳市住宅建筑与学校建筑在近几年才发展高星级绿色建筑，满足调研筛选范围的建筑数量较少，且低星级占大多数。且受疫情影响，住宅高星级项目无法进行入户调研，故本次调研的住宅建筑与学校建筑中，一、二、三星级绿色建筑均有，且二星级绿色建筑项目占比较多。深圳市高星级办公绿色建筑则发展较早，且基本为三星级绿色建筑，因此此次调研项目中办公建筑都为三星级绿色建筑。

本次共调研 8 个住宅绿色建筑项目，其中 2 个国标三星建筑，5 个国标二星建筑，1 个国标一星建筑；6 个学校绿色建筑项目，其中 3 个国标二星建筑，1 个国标一星建筑（其中，深圳市第六幼儿园未参评国家绿色建筑标准，但参照该标准设计重建）；8 个办公绿色建筑项目，均为国标三星建筑。

3.2 调研问卷

3.2.1 问卷指标提炼

通过绿色建筑可感知项得分表总结分析可知，健康舒适、资源节约和环境宜居有较高的可感知权重，其次是生活便利；安全耐久的可感知权重较低，其原因可能在于建筑物耐久性未能被用户所感知（图 2）。

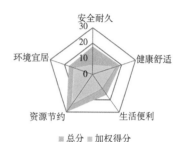

图 2　绿色建筑可感知项得分

3.2.2 问卷设计

为了让受访者更准确地理解问卷题目内容，从人能形成感知判断的维度出发，在问卷调研中将梳理出的绿色建筑评价可感知项归类为绿化生态、环境健康、智慧、室外环境舒适性、室内环境舒适性、全龄友好、节约环保、安全防护和总体评价 9 大部分。

此次问卷采用后评估评价方式，共设置 27 题。每个部分第 1 题为对于该可感知维度的总体评价，按照李克特五级量表设置满意维度。每个部分第 2、3 题为多选题，了解使用者满意或者不满意的具体原因，其中满意或不满意原因为绿色建筑评价可感知项。以社区调研为例：

第一部分：绿化生态环境

1. 您对本小区绿化生态环境的总体满意度？（单选）

A. 很满意　　B. 比较满意　　C. 一般　　D. 很不满意　　E. 不关注

2. 您对本小区绿化生态环境满意的原因？（可多选）

A. 绿化面积多　　　B. 绿植品种丰富　　　　　C. 有水景（如喷泉、池塘）

D. 绿植养护好　　　E. 能看到鸟类、蝴蝶等小动物　　F. 不关注，说不出具体原因

3. 您对本小区绿化生态环境不满意的原因？（可多选）

A. 绿化面积不够　　　B. 绿植品种单一　　　　C. 没有水景（如喷泉、池塘）

D. 室外水景维护不佳　E. 绿植养护不佳　　　　F. 看不到鸟类、蝴蝶等小动物

G. 不关注，说不出具体原因　　　H. 其他（请具体阐述）_____

问卷最后一个部分为总体评价，通过第 26 题对调研问卷中感知维度的重要性排序，了解使用者对于各可感知项维度的敏感程度。

第一部分：绿化生态环境

26. 对绿色建筑的 8 个方面，请选出您认为最重要的四项：

A. 绿化生态环境　　 B. 居住环境健康　　 C. 智慧社区 / 家居　　 D. 室内环境舒适性

E. 室外环境舒适性　 F. 全龄友好　　　　 G. 节约环保　　　　　 H. 小区安全防护

此次问卷调研除了纸质填写回收和网上填写提交外，现场调研项目也同时开展了深度访谈，对于一些愿意分享的使用者，进行深入交流，深层次了解使用者的意见和需求。平均完成一份问卷需要 10 ~ 15 分钟。此次问卷分别针对住宅、学校、办公三类建筑类型进行可感知绿色建筑调查问卷（详见附录 A–1）。

3.3　调研数据与分析

3.3.1　调研样本数据

根据现场及网上填写收集到的可感知后评估调研问卷，经过初步筛选，去除无效问卷（例如：填写项目名称与实际调研项目不匹配，问卷填写时长小于 2 分钟的问卷），其中：

住宅类建筑共收到 259 份有效问卷，除其中一个项目（安托山花园）采用网上调研问卷形式外，其余住宅项目均为现场调研。住宅类调研项目的受访者包括住户与物业管理人员，其中住户占比较多，男女比例基本接近，受访年龄段中有 80% 为 19 ~ 59 岁的青壮年群体，56% 的受访者在调研的住宅中居住时间超过 1 年，71% 的受访住户家里有小孩或老人（表 2）。

住宅类调研项目基本信息　　　　　　　　　表 2

序号	调研项目	类型	国标绿建等级（GBL）	投入使用时间（年）	调研形式	有效问卷数量
1	龙悦居（1、2 期）	保障性住宅	3 星	7.5	现场调研	35
2	龙悦居（3、4 期）	保障性住宅	2 星	7.5	现场调研	51
3	佳兆业海苑	住宅	2 星	6	现场调研	30
4	佳兆业山海城家园	住宅	2 星	2	现场调研	10
5	佳兆业假日广场（1、2、3 栋）	公寓住宅	2 星	/	现场调研	37
6	深圳市深城投·中心公馆	公寓住宅	2 星	/	现场调研	54
7	佳兆业未来花园（1 期）	住宅	1 星	5.5	现场调研	31
8	安托山花园（万科臻山府）	住宅	3 星	/	网上问卷	11
合计						259

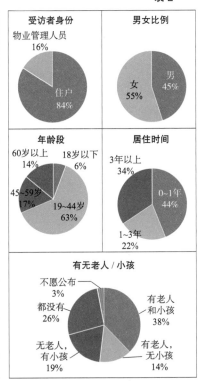

受访者身份
物业管理人员 16%
住户 84%

男女比例
女 55%
男 45%

年龄段
60岁以上 14%
18岁以下 6%
45~59岁 17%
19~44岁 63%

居住时间
3年以上 34%
0~1年 44%
1~3年 22%

有无老人 / 小孩
不愿公布 3%
有老人和小孩 38%
都没有 26%
无老人，有小孩 19%
有老人，无小孩 14%

学校类建筑共收到 203 份有效问卷，除深圳大学采用网上调研问卷形式外，其余学校项目均为现场调研。学校类调研项目的受访者包括老师与学生，二者比例基本接近，其中女生较多占比为 67%，男生为 33%，56% 的受访者在调研的学校中学习或教学时间超过一年，43% 的受访者不到 1 年（表 3）。

学校类调研项目基本信息　　　　　表 3

序号	调研项目	类型	国标绿建等级（GBL）	投入使用时间（年）	调研形式	有效问卷数量
1	南方科技大学	学校	3 星	1.5	现场调研	19
2	深圳大学	学校	1 星	/	网上调研	42
3	木棉湾学校	学校	2 星	1	现场调研	36
4	南湾实验小学	学校	2 星	0.75	现场调研	51
5	平湖中学	学校	2 星	0.5	现场调研	26
6	深圳市第六幼儿园	学校	/	2	现场调研	29
合计						203

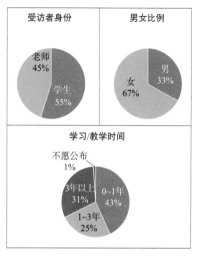

办公类建筑共收到 250 份有效问卷，除深交所广场和建科大楼采用网上调研问卷形式外，其余办公项目均为现场调研。办公类调研项目的受访者包括办公人员与物业管理人员，二者比例基本接近，其中男性占比为 60%，女性为 40%，63% 的受访者在调研的办公楼中办公时间超过一年（表 4）。

办公类调研项目基本信息　　　　　表 4

序号	调研项目	类型	国标绿建等级（GBL）	投入使用时间（年）	调研形式	有效问卷数量
1	航空航天大厦	办公	3 星	2.5	现场调研	48
2	深交所广场	办公	3 星	7.5	网上调研	32
3	皇庭大厦	办公	3 星	4	现场调研	4
4	万科滨海置地大厦	办公	3 星	1.5	现场调研	45
5	卓越后海金融中心	办公	3 星	5.75	现场调研	32
6	深圳市中建钢构大厦	办公	3 星	5	现场调研	44
7	特力水贝珠宝大厦	办公	3 星	3	现场调研	33
8	建科大楼	办公	3 星	5.5	网上调研	12
合计						250

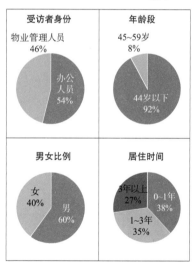

3.3.2　调研样本分析

通过对各可感知维度的总体满意度[1]统计，分析现有绿色建筑在各可感知维度的实施情况，并通过对八项绿色建筑的可感知维度重要性[2]排序，分析受访者对其敏感程度的高低。本小节通过四个方面对后评估调研样本进行分析：1）共性分析；2）差异性分析；3）按星级分析；4）按维度分析。具体如下：

---

[1] 问卷中每个部分的第 1 题即每项可感知维度对总体实施情况的满意度评价回答中选择"很满意"与"比较满意"的百分比之和。
[2] 问卷中总体评价部分，第 26 题结果即受访者认为绿色建筑最重要的四项感知维度的百分比。

1. 共性分析

调研样本按照不同建筑类型的总体满意度与可感知维度重要性分析，可以看出，三类绿色建筑的总体满意度平均值高达 82%，但智慧系统和全龄友好的满意度相对较低，低于 75%；总体满意度和可感知维度重要性最高的两项维度均为绿化生态和环境健康。

室内环境舒适性的可感知维度重要性较高，有 68% 受访者认同其重要；安全防护、智慧系统、节约环保和全龄友好的可感知维度重要性相对较低（低于 40%）。

安全防护的可感知维度重要性较低，但满意度相对较高，说明此次调研的绿色建筑安全防护措施普遍实施情况较好。三类调研项目的总体满意度与可感知维度重要性的调研结果如图 3 所示。

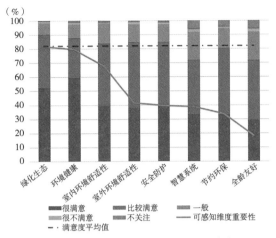

图 3　三类绿色建筑的总体调研结果统计

2. 差异性分析

调研样本按照不同建筑类型的总体满意度与可感知维度总体评价分析，可以看出：

首先，受访者对办公类绿色建筑的平均满意度最高，达 88%，对于住宅类绿色建筑和学校类绿色建筑总体平均满意度分别为 78% 和 80%，说明办公类绿色建筑的实施情况较好，住宅类和学校类绿色建筑需促进绿色设计和实施。

其次，室内环境舒适性是三类调研绿色建筑中可感知维度重要性相对较高的要素，总体满意度达 80% 以上，说明建筑使用者对室内环境舒适性比较看重，实施情况也较好。

最后，室外环境舒适性是住宅类绿色建筑中可感知维度重要性相对较高的要素，智慧系统是学校类和办公类绿色建筑中可感知维度重要性相对较高的要素，重要性位于第四。

三类调研项目的可感知维度总体评价分别如图 4 ~ 图 6 所示。

3. 分星级分析

调研样本按照不同星级调研项目的可感知维度总体评价对比分析，以学校建筑为例，一星级项目为深圳大学与深圳市第六幼儿园（未参评国家绿色建筑标准，但参照该标准重建），二星级项目为木棉湾学校、南湾实验小学和平湖中学，三星级项目为南方科技大学。可以看出：

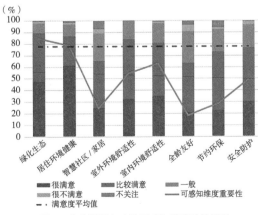

图 4　住宅类绿色建筑可感知维度总体评价

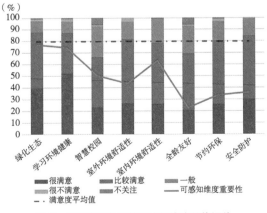

图 5　学校类绿色建筑可感知维度总体评价

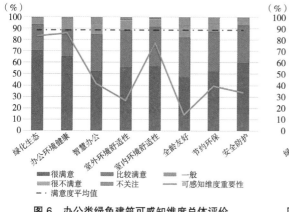

图 6 办公类绿色建筑可感知维度总体评价

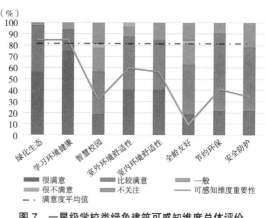

图 7 一星级学校类绿色建筑可感知维度总体评价

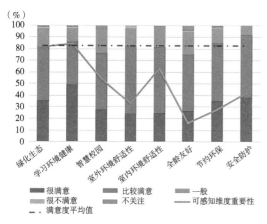

图 8 二星级学校类绿色建筑可感知维度总体评价

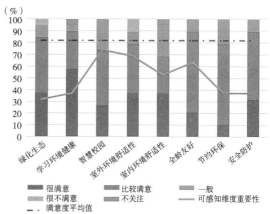

图 9 三星级学校类绿色建筑可感知维度总体评价

　　三个星级的学校类绿色建筑满意度平均值均超过 80%；绿化生态和学习环境健康是一星级和二星级学校建筑重要性最高的两项可感知维度，但对于三星级学校建筑重要性却是最低的；全龄友好感知维度是一星级和二星级学校建筑中重要性最低的两项，总体满意度也较低，但对于三星级学校建筑其可感知维度重要性和总体满意度却相对较高。三星级学校建筑对室内环境舒适性的总体满意度最低，低于70%；智慧校园对于三个星级学校建筑而言总体满意度均较低，尤其是一星级学校建筑。三类不同星级调研项目的可感知维度总体评价分别如图 7 ~ 图 9 所示。

　　4. 各感知维度分析

　　本小节分析对比每类调研项目可感知维度中受访者对于感知项的敏感程度，即"满意"与"不满意"的比例之和。

　　通过表 5 可知，办公类建筑中，敏感度在 60% 以上的可感知项（60% 以上受访者对此项的满意度和不满意度之和）占比最高。因此办公类建筑的受访者对于绿色建筑感知项敏感度相对较高，而住宅项目的受访者对其绿色建筑可感知敏感程度相对较低。对这三类建筑来说，室外环境自然通风都是受访者敏感度最高的感知项。对于住宅和学校来说，室外绿化面积也是受访者敏感程度较高的感知项。

　　通过对各感知维度分析，可总结出受访者敏感度超过 60% 的可感知项，如表 6 所示。其中，通风、绿化和友好是受访者敏感度较高的感知维度。而资源是"六知"中敏感度最低的一项，只有在办公建筑中，适宜的空调温度能被 60% 以上的使用者感知。此结论与图 2 绿色建筑可感知项得分表的分析结果一致，可见建筑物耐久性与建筑节能未能很好地被用户感知。

绿色建筑可感知项敏感度的分析（敏感度 60% 以上的可感知项）　　　　表 5

敏感度	绿色住宅建筑	绿色学校建筑	绿色办公建筑	
≥ 80%	室外环境自然通风 室外绿化面积	室外环境自然通风 先天室外遮阴面积 室外绿化面积	室外环境自然通风 室内空气品质 治安管理 自然采光和视野	
70% ~ 80%	室内通风 自然采光和视野 室内空气品质 治安管理 夏天室外遮阴面积	治安管理 自然采光和视野 室内通风 体育锻炼设施 室内空气品质 有空调、风扇 绿植品种丰富度	室外绿化面积 公共空间照明 室内通风 新风系统 室内隔声和设备噪声 办公网络设施	
60% ~ 70%	室内隔声和设备噪声 绿植养护 健身设施 室外水景	室外水景 绿植养护 室内隔声和设备噪声 智慧安防监控、访客管理 步行环境安全	绿植品种丰富度 夏天室外遮阴 有可开启窗 步行环境安全 无障碍设施	安全警示标示 绿植养护 室外水景 空调温度适宜

不同感知维度与"六知"的对应关系（敏感度 60% 以上的可感知项）　　　　表 6

建筑类型	采光	通风	声音	资源	绿化	友好
住宅建筑	自然采光和视野	室外环境自然通风 室内通风 室内空气品质	室内隔声和 设备噪声		室外绿化面积 夏天室外遮阴面积 绿植养护 室外水景	治安管理 健身设施
学校建筑	自然采光和视野	室外环境自然通风 室内通风 室内空气品质 有空调、风扇	室内隔声和 设备噪声		夏天室外遮阴面积 室外绿化面积 绿植品种丰富度 室外水景 绿植养护	治安管理 体育锻炼设施 智慧监控 访客管理 步行环境健康
办公建筑	自然采光和视野 公共空间照明	室外环境自然通风 室内空气品质 室内通风 新风系统 有可开启窗	室内隔声和 设备噪声	空调温度 适宜	室外绿化面积 夏天室外遮阴面积 绿植养护 室外水景	治安管理 办公网络设施 步行环境安全 无障碍设施 安全警示标示

　　对于三种类型的绿色建筑使用者来说，采光、通风、声音、绿化中敏感程度较高的感知项基本相同。然而对于友好感知维度，三类建筑类型敏感程度较高的感知项中，除治安管理以外其他都不同，可见使用者在不同建筑中实现人与自然和谐共生有不同的需求。例如对于学校来说，体育锻炼设施、智慧监控和访客管理系统是相对重要的感知项，可见对于学生的身体素质锻炼以及安全保障是非常重要的。但是在办公建筑中，保障良好的办公网络设施是高效办公的前提，步行环境安全（人车分流）也是另一敏感度高的因素。

　　深圳现有绿色办公建筑实际运营都为全新风运行，极少办公建筑会设置可开启窗。但是根据调研反馈结果，新风系统和有可开启窗对于办公人员来说敏感程度都相对较高。因此可见，使用者对于自然通风的需求也相对较高。

4 可感知的绿色建筑

4.1 可感知指标提炼

什么是人体的五感？人体的感受主要包括人体外部感觉（五感：视觉、听觉、味觉、嗅觉、皮肤感觉），除此之外，还包含人体内部感觉和建筑客观环境信息感受。

什么是绿色建筑的六知？根据文献调研及专家研讨，归纳得出绿色建筑性能的六个可感知维度，分别是采光、通风、声音、资源、绿化和友好。

对比文献调研与后评估调研后发现，绿色建筑可感知"六知"与人体"五感"对应还存在不一致性，本节基于《绿色建筑评价标准》GB/T 50378—2019，对二者的关系进行分析研究，从而为绿色建筑可量化指标提供依据。

4.2 绿色建筑可感知"六知"与人体"五感"对应关系

4.2.1 采光与人的"五感"

1. 采光与"五感"的对应关系

有研究显示人类对环境信息的感知有83%来自视觉，而光线是产生视觉感知的必要条件。对于建筑环境的感知，自然采光和人工照明的质量起到关键性的作用，这种感知关系也被课题组前期开展的调研工作所验证，因此要将绿色建筑的性能可感知化，离不开建筑光环境的设计。

然而在国内外现有的绿色建筑评价体系中，采光的关注度并不高，在六种知觉中处于靠后的位置。例如在《绿色建筑评价标准》GB/T 50378—2019中的分数占比只有5.1%，在LEED评价标准中也只有6%的分数占比。相对地，采光在健康建筑评价体系中更受重视，在《健康建筑评价标准》T/ASC 02—2016和WELL评价标准中的分数占比分别达到了7.2%和18%。这说明了建筑健康舒适相关性能在目前的绿色建筑评价体系中还处于较低的优先级。

为了更加具体地探知采光与建筑环境感知的相关性，下面从人体五感及其他感知方式入手，讨论用户对建筑光环境的感知方式。

1）采光与视觉

建筑采光与视觉体验紧密相连，人眼形成的图像、色彩等视觉感知是人体与外界环境信息的首要交互形式。这种联系既包含直接视觉冲动，也包含由原始视觉冲动带来的间接感知。

直接视觉冲动是视网膜通过视觉神经直接传递给大脑的光环境信息，其中视杆细胞传递明暗信息、视锥细胞传递色彩信息、大脑又可判断闪烁的情况。这些可被用户直观理解的内容是感知度最强的光环境参数，也因此在国内外绿色建筑评价体系中均有涉及，反映为亮度、照度、色温、一般渲染指数、频闪等评价参数。

人类是高度智慧的生物，对于环境的视觉感知并不停留于上述直观体验，视觉冲击还能在大脑中转化为其他的认知，甚至不限于环境本身。例如旭日东升和夕阳西下所伴随的环境光线亮度、色温的改变，可让人对时间产生感知。再如教堂天井洒下的光束给人以神秘和神圣的体验，说明光环境能影响人们对所处建筑空间的情感认知。

2）采光与触觉

光的本质是一种辐射，传递着能量。特定波长光的能量可以被视网膜捕捉并形成视觉，是人们感知光存在的主要方式。但这不意味着其他波长的光便与人的感知无关，非可视波长之外的光，仍然可被人体感知，并有着重要的意义。

波长较长的红外线不可被肉眼观测，但是蕴含的能量却能传递到被照射的物体，因此人体在暴露于红外线时，皮肤能明确感受到表面温度的上升，从而感知到光线的存在。

波长较短的紫外线则蕴含着更多的能量，科学家很早就将紫外线与皮肤问题联系起来，《灯和灯系统的光生物安全性》GB/T 20145—2006 就提出了控制灯具紫外线含量的要求。而皮肤与紫外线的感知关系直到 2014 年才被发现，原本以为只存在于眼睛内的视紫红质也存在于皮肤中，证实了紫外线的照射可通过皮肤触觉感知，并刺激黑色素的分泌。

3）采光的其他感知方式

光对人体还有着其他非视觉性的刺激，最重要的一种是昼夜节律刺激。人的昼夜节律行为与光线状况有着密不可分的关系，人体在进化过程中形成了以昼夜光线变化为诱因的昼夜节律系统：通过视网膜上的 ipRGC 细胞感知环境光线性质的变化，刺激大脑分泌褪黑素，对人的兴奋度进行调节。然而处于建筑室内环境的人与自然阳光相对隔绝，对外界自然光的变化不敏感，容易导致昼夜节律紊乱，因此国内的《健康建筑评价标准》T/ASC 02—2016 和美国的 WELL 标准，均对这种照明的非视觉效应做出了一定要求，以等效黑视素照度这一参数作为标准。

人们感知光的存在不一定需要直接与光发生接触，某些情况下还可能通过其他感知来联想到光，其中一种便是嗅觉。长期无阳光的封闭空间容易滋生微生物，释放出的气体会被人们闻到；阳光照射下的纺织物内的螨虫等会被强烈的紫外线炙烤，散发出气味。这些味道都可以让人们联想到阳光的存在，也是建筑环境中常见的采光体验形式。

2. 采光的展示措施

虽然采光的可感知性较强，但受限于人眼本身的性能，在实际生活中采光所造成的视觉感知往往需要较长时间的积累。而如照度不足带来的视觉疲劳、频闪造成的烦躁、危险光源造成的视网膜损伤等感知，在产生生理反应时就已经造成了影响，这时就需要通过现代科技手段，将光环境状态参数化、图表化，通过显示设备展示给建筑用户，让人们更加直观地感知所处景地采光质量。

另外，通过交互设计也可以让人们感知到采光的存在、关注光环境质量。例如允许用户调节照明的色温、人走灯灭的自动感应器、自动调节的遮阳设施等，都可以让人们与光环境产生互动，理解光环境的意义。

4.2.2 通风与人的"五感"

1. 通风与"五感"的对应关系

人与室内外环境相互融合协调才能保证身体机能的健康。健康是提高人民生活质量至关重要的一环，是社会全面、协调、可持续的发展的有效保障。近两年随着新冠肺炎疫情爆发，建筑室内良好通风环境营建的重要性再次凸显，室内人员对室内通风的可感知关注度提升。

人们对于通风最直接的接触就是皮肤感觉和呼吸对流，人们所关注的通风带来的最直接的影响就是热湿感受及呼吸的空气新鲜度。根据第 3 节文献调研结果，中国和美国对通风感知因素倾向都有比较大的研究热度，分别占比 60% 和 30.4%，日本、新加坡、英国等更偏好全面关注感知度的研究，这显示通风对于绿色建筑的可感知性研究是十分重要的。

以上通风因素，建筑使用者是通过皮肤感觉、嗅觉、人体内部感觉（闷、晕等感知）和环境信息感觉感知的。通风因素与建筑使用者"五感"之间的联系，简要分析如下：

1）室外自然通风与皮肤感觉、嗅觉、人体内部感觉

合理的室外风环境与皮肤的接触能够显著改善人的愉悦感，也能提高热舒适度；此外，新鲜的自然风环境，通过人的嗅觉系统和呼吸系统，不仅能够去除因为空气流通不畅导致的不适（闷、晕等），提高舒适感，还能保障人体的健康。室外风环境的优化，与主导风向、建筑布局、景观设计等息息相关，因此绿化优化设计也能有助于改善室外自然通风环境。

2）室内通风及新风系统与皮肤感觉、嗅觉、人体内部感觉

人体通过风与皮肤的接触感知室内风环境，良好的室内通风组织，可以避免送风温度过低、风速过大、

室内温度不均造成的不适，提升室内热舒适度。通风能显著增加人体汗液蒸发率、减缓人体核心温度的上升、降低皮肤表面温度。不佳的室内通风，可能导致空气中含有特定的气味，甚至引发人体感觉到闷或头晕等不适，人通过嗅觉系统和人体内部感觉感知此因素。不同于传统的通风方式，绿色建筑个性化通风更加流行，直接将新鲜、洁净的空气输送到人的呼吸区，在改善人的热舒适、空气品质、个性化控制及节能方面相对于传统通风方式具有较大优势。个性化通风直接干预人体环境，可提高人体周围的通风效率和空气品质，通过与全面通风配合，能够在保证舒适要求的同时降低病原体空气传播风险，被认为是一种具有较高疾控潜力的通风方式。

3）室内空气品质与嗅觉、人体内部感觉、环境信息感觉

良好的室内空气品质包含两方面的内容，一方面室内空气质量满足要求，另一方面通风换气次数满足要求。较差的室内空气质量，会引发人体嗅觉系统和呼吸系统的不良反应，也可能导致人体视觉系统的不适，甚至引起飞沫和飞沫核作为载体传播的多呼吸道传染病。有效通风能够提升室内空气质量，稀释室内病原体浓度，降低室内人员病原体的暴露和吸入风险，对于降低室内空气传播风险具有重要作用，因此加强室内通风不仅对人体健康有益且对制定有效的传染病工程防治方法具有实用价值。另外，室内空气龄过大，将引起室内空气含氧量减少、室内污染物堆积、空气异味等现象，人体将出现头晕、发闷等不适感。实时的室内空气质量监测，通过环境信息的可视化，也能够显著提高用户的感知。

4）热湿环境与皮肤感觉、嗅觉、人体内部感觉

空调、风扇主要涉及皮肤感觉。这是学校建筑的特有敏感项，合理的空调送风温度和风扇能够有效地改善用户的热舒适度，提高学生的学习效率。但过低的室内温度，也将对资源节约造成不利的影响。在适当的室外温度条件下，风扇既能显著改善用户的满意度，同时能够节约能耗。

可开启窗主要涉及皮肤感觉、嗅觉、人体内部感觉。可开启窗，可以将室外新风引入室内，室外风的吹风感、新鲜感、含氧量等，通过用户皮肤、嗅觉和呼吸系统的感知，在助力减压、提升用户的愉悦感（即使是在室外温度高于室内温度的情况下）方面有一定的贡献。在空调季，直接引入室外风，对建筑节能、资源节约有不利影响。在过渡季节，在自然通风的环境下人体可接受的室温范围要比空调环境下要宽。有文献显示，在自然通风的住宅建筑内 90% 可接受率的室内温度上限约为 29℃，80% 可接受率的室内温度上限约为 30℃。由于冷热刺激信号传到皮下温度感受器的过程有热惯性，因此人体感受不到更高频率的风速脉动。自然通风动态风的低频高风速部分会对位于皮下 0.15 ~ 0.17mm 的冷感受器产生较大的刺激，使人感到更凉爽。因此在能保证室内温度舒适的情况下，人们更倾向于采用自然通风的方式而非采用空调进行室内温度调节。因此建筑自然通风不仅有利于建筑节能，而且符合人体自然的热需求。

5）通风与其他感知方式

除以上提到的因素外，通风与外界因素作用后的结果，可能对人体的感知造成二次影响。首先，自然风与物体的相互作用。自然风吹过绿化或其他物体时，产生的婆娑声或莎莎声，通过人体的听觉系统，能够一定程度上帮助减轻压力，提升精神健康。自然风吹过绿化或其他物体时，摇曳的树枝，斑驳的光影，通过人体视觉系统，能够在一定程度上提升愉悦感，改善精神健康。然后，人工风环境与物体的相互作用。机械通风与散流器或风管的作用产生的复杂频率的噪声，通过听觉系统，可能给人带来健康的损害。空调送风与建筑内表面接触后的冷凝或结露，可能造成霉菌或其他微生物滋生，通过视觉系统、皮肤系统和呼吸系统等，对人体造成不利的影响。

以上对各类通风因素与建筑使用者的感知情况对应关系进行了详细阐述，通风对于人类良好生存空间环境的构建具有重要意义。提升通风相关因素的设计或实施，有助于提升建筑使用者对绿色建筑的感知。

2. 通风的展示措施

随着建筑智能化的发展，室内外污染物浓度及颗粒物浓度均可实现实时监测，室内空调等家电智能调控水平提升，室内空气品质监测结果可以智能化实时显示，并可以通过 APP 等形式在手机内查看，采

用室内通风的房间根据室内空气品质监测结果自主调节外窗的起闭及开合程度。室外空气质量监测可以通过室外电子显示屏实时展示也可以通过手机 APP 或社区公众号等形式在智能终端查看。

4.2.3 声音与人的"五感"

1. 声音与"五感"的对应关系

绿色建筑声环境指标旨在通过识别和调节建筑环境中用户可体验的声环境参数来加强用户健康和福祉。

声音通常被定义为人类对通过空气等介质传递的机械振动的反应。这个定义表明了营造声环境最需要考虑的因素是人对声音的感知。空间的声环境舒适度可以通过特定环境下住户的整体满意程度来量化。

1）室内外噪声与听觉、人体内部感觉

近年来，以交通噪声等为主的噪声暴露已经以多种不同方式破坏着人们的健康和福祉。例如，运输或工业所产生的外部噪声的影响与睡眠障碍、高血压和学龄儿童心算能力降低有关。根据一项来自美国 CDC 基于 4115 名参与者样本的有关研究，发现心肌梗死的发病风险与夜间道路交通噪声呈正比关系。

地铁和轻轨铁路等轨道交通作为城市基础设施建设的热点，在近年来得到高速发展。但伴随交通噪声的，还有其轮轨振动对沿线建筑物的影响。这部分的感知通常是体感感知及周边事物摆动的视觉感知，影响着居住者的体验。

亦有研究表明，建筑内部产生的噪声是住户投诉的主要原因，并最终导致住户不满。已证实，对于学龄儿童、大学生和工作场所的用户在封闭空间内受暖通空调设备、家用电器及其他住户所发出的声音影响，工作效率、注意力集中度、记忆长度和心算能力等会相应地降低。

除空气噪声源之外，由相邻区域的活动（步行、运动或机械振动）产生的噪声，可能会给受影响住户呈现不舒适的环境，也就是封闭空间内部和相邻的整体隐私程度。例如，研究表明，当对话可以在房间之间或在开放式办公室内部轻松传递，则会损害保密性或造成任务分心，通常住户会表示不满。空间中不合适的混响时间和背景噪声水平可能会妨碍语言清晰度，并可能导致有听力障碍人群的疲劳。

2）室内隔声与听觉、人体内部感觉

现代建筑中使用大量的轻质材料、暴露梁板或设备，如果不采取相应的措施，空间的声环境舒适度将受到明显的影响。当室内活动或室外噪声源增加空间背景噪声等级时，用户容易分心，导致工作效率和记忆力下降、压力水平上升。尤其在办公环境中，员工更加关心隐私和协作能力。一项来自英国的研究发现，99% 的员工报告称，他们的工作专注度受到工作场所声环境舒适度差的影响。

2. 声音的展示措施

室内外声压级是较早实现实时监测的环境因子，能够直观反映当前噪声等级。可通过场地内噪声监测设备、室内噪声监测设备与数据展示系统联动（如显示设备、收集 APP 等）进行实时公示；并辅以不同噪声等级的形象化展示、对人体或生活影响对标等方式提高社会认可度。

4.2.4 资源与人的"五感"

1. 资源与"五感"的对应关系

资源消耗在绿色建筑中具有重要地位，根据第 3 节对国内外文献调研结果来看，资源的关注度较高。虽然土地、能源、水、材料等资源的消耗和节约大部分是不可直接感知的元素，但能够通过"机感"将其转换为账单、图片、交互动作等可感知的视觉、听觉、触觉元素进行感受。同时，建筑节能和节水衍生出来的碳排放和海绵城市等技术措施，也可通过直接或间接的方式使得民众感知到绿色建筑措施的效果。

1）建筑节能与视觉、听觉、触觉

《民用建筑能耗标准》GB/T 51161—2016 对建筑能耗的定义为：建筑使用过程中由外部输入的能源，包括维持建筑环境的用能（如供暖、制冷、通风、空调和照明等）和各类建筑内活动（如办公、家电、电梯、生活热水等）的用能。

从"可感知"角度来看，由于建筑能耗元素无法直接人体感知，需要借助"机感"进行二次感知，对于居住建筑，大多通过计量数据转化为账单而被感知，并通过不同计费周期的变化，感知绿色建筑中资源的影响。能耗分项计量和监测数据可以通过图片、视频、交互进行展示，将"不可感知项"通过"机感"转换为可感知的视觉、听觉、触觉进行感受。

近年来，由于可感知技术的发展建筑具有系统智能化的趋势，以能源资源消耗量管理系统为例，该系统使建筑能耗可知、可见、可控，从而达到优化运行、降低消耗的目的。与此同时，另外一款系统名为"空气质量监控系统"，则是"机感"的另一种体现形式，该系统通过对空气污染物传感装置和智能化技术的完善普及，使对建筑内空气污染物的实时采集监测成为可能。当所监测的空气质量偏离理想阈值时，系统做出警示，实现手动或自动对可能影响这些指标的系统做出调试或调整，将监测发布系统与建筑内空气质量调控设备组成自动控制系统，可实现室内环境的智能化调控，在维持建筑室内环境健康舒适的同时减少不必要的能源消耗。

2）建筑节水与视觉、听觉、触觉

建筑内的水耗与建筑能耗的可感知模式基本相同，也需要借助"机感"进行二次感知，同样通过计量数据转化为账单而被感知，并通过不同计费周期的变化，感知绿色建筑中水耗的影响。

以用水三级计量为例并采用远传计量系统对各类用水进行计量，以准确掌握项目用水现状。通过远传水表的数据进行管道漏损情况检测，随时了解管道漏损情况，及时查找漏损点并进行整改。其监测数据可以通过图片、视频、交互进行展示，将"不可感知项"通过"机感"转换为可感知的视觉、听觉、触觉进行感受。

2. 资源的展示措施

由于节地和节材措施在设计和施工阶段已经完成，可感知性不强，只有通过有针对性的宣传进行展示，才能被建筑使用者感知。

关于节能和节水方面的感知展示，随着建筑智能化发展日趋完善，可感知技术的发展借助智能化系统有了更好的展示基础，越来越多的绿色建筑将实时用能情况、用水情况、空气质量、可再生能源发电量等数据在大楼公共区域进行展示，部分住宅项目在每户安装显示屏，显示室内环境和资源消耗情况，用于监测和宣传建筑的资源利用优化效果。

对于其他各项绿色技术措施、降低碳排放措施的展示，可以结合绿色低碳生活理念宣传进行，通过社区宣传栏、传单、媒体宣传等展示"碳中和、碳达峰"相关政策，倡议绿色生活方式，鼓励全民关注和参与到减碳工作中来。

4.2.5 绿化与人的"五感"

1. 绿化与"五感"的对应关系

1）绿化与视觉

对于人类而言，至少有80%以上的外界信息经视觉获得，因此人们对于绿化的感知，也是从视觉开始的。

生活中的很多光线都是复色光，进入眼睛之后，根据波长的不同，视网膜的感知也有所不同。其中，绿色光线的折射比较大，成像会落在视网膜前方，此时的人眼处于调节放松状态。而其他颜色的光则会成像落在视网膜后方，要看清楚就要调节稍紧张。因此，人们在看绿色的时候往往会觉得轻松。

而居住环境中的绿色，绝大多数来自于绿化。作为一项反映城市空间绿化水平的物理量，由日本学者青木阳二于1987年首先提出的"绿视率"就能很直观地表现绿化与视觉的感知关系。所谓"绿视率"，就是在人眼高度中所看到的绿色所占比例，包括屋檐下的花卉、墙体绿化、草坪、远处的群山和水体等，是立体的绿量计量指标。

相关研究表明，"绿视率"达到 25% 时，人感觉最为舒适。据统计，世界上长寿地区的"绿视率"均在 15% 以上，不难看出，绿化与人的健康息息相关。

居民生活环境"绿视率"的多少，取决于绿化垂直投影面积之和与小区用地的比率"绿化覆盖率"和单位面积绿化比率的"绿容率"。通过从地面到立面再到立体多方位开展绿化工作，能够从根本上实现"绿视率"的增加，从而给居住者带来更好的绿化视觉感知。

除了"绿视率"外，作为具有高度智慧的人类，还时刻关注着绿化视觉中"美"的感受。例如众多色彩丰富的植物搭配的绿化地区，能够更吸引人们驻足；由植物交织层叠出各种形状的绿化地，就能很快成为人们的焦点。视觉不仅影响着人们对于所处环境的认知，更影响着人们对于所处建筑空间的追求。

2）绿化与听觉

作为人类的另一大感官，听觉也在绿化感知中起着显著作用。绿化中的听觉感知，主要以响度、可预见性和控制感为重。其中最明显的感知就是绿化的降噪作用。

绿化植物的降噪作用产生的原理是，当声波射向植物叶片时，其初始角度和叶片的密度决定叶片对声音的反射、透射和吸收情况。大而厚、带有绒毛的浓密枝叶对降低高频噪声有较大作用。树干虽对低频噪声反射很少，但成片的树林可使高频噪声因散射而明显衰减。

同时，不同的树种、组合配植方式和地面的覆盖情况也对降噪有一定影响。声音经过疏松土壤和草坪的传播，会有超过平方反比定律的附加衰减。一般说来，低于地面的干道和绿化带组合的方式是降低交通噪声的有效手段。在这种情况下，住宅前有 7 ~ 15m 宽，2m 高的树篱，可降低噪声 3 ~ 4dB。

除了降低噪声，听觉感知绿化也可通过其带来的生态改变来实现，比如"蝉噪林愈静，鸟鸣山更幽"的意境，绿化使得生态环境变好，自然带来了蝉鸣鸟叫，而水流潺潺更带来无限的遐想与神怡。

3）绿化与嗅觉

作为人类进化中最古老的感觉之一，嗅觉让人们所感知到的世界更加丰富。而作为绿化中的主角，植物也不仅通过它们的外观给人以视觉上的冲击，更通过它的味道向人们传递着信息。

植物为了生存和繁衍，往往会在空气中散发出一些挥发性物质，这些挥发性物质有的是怡人的香气，有的则是难闻的臭味。植物的气味来源很多，有些植物在树叶、树皮和腺毛部位含有芳香性化学物质，其本身就会挥发香味，如薄荷、紫苏、薰衣草等。而植物的枝叶特别是花朵所散发的香气更加意蕴深长，令人回味无穷。

人的嗅觉感受系统内有 1000 多万个嗅觉细胞，能够十分灵敏地辨别各种味道。因此，对于绿化植物的感知，人类的嗅觉起着很大的作用。同时，不同的植物气味对人类的行为和思维也有暗示作用，比如薄荷、艾蒿等香气可以引起人的兴奋；瓜果香气会激起人们的食欲。还有很多植物散发的气味有助于人们的身心健康。

在绿化实际应用中，也有不少气味植物的应用，将不同季节散发气味的植物搭配种植，让气味随着季节的更迭而变化，从而让人们获得更新颖的感知。

除了植物的气味能够很直观地通过嗅觉获得外，绿色植物的空气"吸尘器"作用也可通过嗅觉感知。据测算，一公顷松树每年可吸附和滞留空气中的灰尘 36.4t 左右，绿化程度较高的地区空气要比一般地区含尘量少 30% ~ 70%。绿色植物的固尘和空气过滤作用，能够让居住者们获得更加轻松舒畅的嗅觉体验。

4）绿化与触觉

触觉是人类最敏感、最直接、最真实的感觉方式，听觉、视觉、嗅觉作用时都可与对象保持一定距离，而触觉却是一种零距离接触。除了色彩，我们闭上眼，通过触觉可以感受到物体大部分的表面特性和物理性状。

触觉也能够零距离地感受建筑绿化的魅力，我们往往用手、皮肤等触觉器官对绿化植物进行直接鉴赏。植物叶片的纹理不尽相同，或条纹状或格子状；植物表面的质感也各有千秋，或布满绒毛或细腻柔和。这样丰富的变化，也需要通过触觉得到其最为真实的感受。

绿化植物的枝叶树冠遮阴作用和蒸散作用，还能够有效调节绿化地区的温度与湿度。假设绿化植物是一台空调机，那么其遮阴作用就是空调的降温功能，能够避免阳光直射，从而起到很好的降温作用；而蒸散作用就是空调的加湿功能，植物通过根系从土壤中吸收水分通过植物叶片以水蒸气的形式散失到大气中，从而起到很好的加湿空气作用，在提高空气湿度的同时，极大程度降低了周围的温度。

5）绿化的其他感知方式

人们对于绿化的感知也不一定要直接与环境中的绿化接触，可以通过感知自然环境来体验绿化带来的福利。

绿化植物以其外在形态、生长习性不同，可以按层次分布和季节长势进行搭配种植，这样所建设的绿化会在一年四季展示不同的状态，从而实现绝佳的人文景观。同时，利用植物的不同特征，在绿化应用中还可以构建出不同的庭院风格。

2. 绿化的展示措施

绿化为人们的生活提供了广泛的服务。目前，有两种方法已经被使用于评估城市绿化与人类福祉的相关性的研究：物理测量和自我报告评价。

曾有研究对墨西哥东南部两个定居点的街景绿地进行评估，研究这三个度量，即物理测量方法（Green View Index，绿视率，GVI，Green Cover，绿色覆盖，GC）和自我报告评价测量方法（Perceived Visible Greenery，可见绿化，PVG）之间的相关性。

研究结果表明，物理测量和自我报告评价的测量方法在不同城市绿化上各有不同，它们的潜在用途不同，GVI 代表了一个有用的工具可以在视平线水平量化可见的绿色植物；GC 是一种信息丰富的物理度量，用于评估公共或私人都市绿化；PVG 是一种快速而廉价的测量方式，用来度量人们对可见城市绿化的感知。在城市监管和规划时，使用这三种方法评估可以对城市绿化提供一个完整的评价。

4.2.6 友好与人的"五感"

1. 友好与"五感"的对应关系

"友好"包括智慧物业、AI 智能、社区友好、全龄友好、服务便利。《绿色建筑评价标准》GB/T 50378—2019 中明确提出，发展绿色建筑的目的是贯彻落实绿色发展理念，推进绿色建筑高质量发展，节约资源，保护环境，满足人民日益增长的美好生活需要。

归根结底，绿色建筑应与新时代下老百姓美好生活相统一：绿色建筑是为老百姓服务，老百姓能感知到绿色建筑性能所带来的改变，能更好地最大限度实现人与自然和谐共生。

1）友好与视觉

生活环境中大多数信息，都是人类通过视觉来获得主观感受的。"友好"涉及老百姓生活的方方面面，如建筑外观、景观环境、图文标语等，因此，老百姓对友好的感知，也可以通过视觉得到直接体验。

友好与居住安全紧密相关，绿色建筑中的警示标识和引导标识的设置、安全防护措施的设计应用以及室内外环境照明的要求等，都需通过视觉信息来得到识别和认知。比如在场地及建筑公共场所，设置醒目的诸如"禁止攀爬""禁止倚靠""禁止抛物""当心碰头"等安全警示标志；在紧急出口、应急避难场所、集结点等设置安全引导指示标志等。以上都是采用文字或图片的方式，引起老百姓视觉上的关注，获得有效的安全提示信息，从而提升老百姓在日常活动中的安全感。

友好充分关注不同人群对标识识别的感知差异。例如，老年人由于视觉能力下降，需要采用较大的文字、较易识别的色彩系统；儿童由于身高较低、识字量不够等，需要采用高度适合、色彩与图形化结合等方式的识别系统等。因此，通过对不同人群的关爱，提出根据不同使用人群特点而设计的标识引导系统，充分体现出绿色建筑"适老性"和"全龄友好"的特点。

友好通过文字或图片标识，对区域范围内的建筑与设施分布位置等情况加以提示，包括建筑外观风格、交通通达度、步道通畅度等，再通过视觉反馈使人能有效识别获得环境友好的感受，从而令老百姓体会到绿色建筑的服务便利与人性化管理的温情。

视觉使人形成美好与否、舒适与否、便利与否等判断，从而得到对绿色建筑友好舒适的直观感受。

2）友好与听觉、触觉、嗅觉及人体内部感觉

绿色建筑中，对于建筑友好的感知，除来源于视觉，也来自人体的听觉、触觉、嗅觉以及人体内部感觉。

建筑的公共区域墙面存在高空坠物风险，除在靠近墙面区域摆放盆栽、设置缓冲带和隔离带、做好防撞保护措施外，还可采取设置提示广播方式，通过触觉、听觉来提升感知度，使老百姓能提前感知风险，并采取相关避险措施，提升居住安全度。

噪声不仅会影响听力，而且还对人的心血管系统、神经系统、内分泌系统产生不利影响，所以有人称噪声为"致人死命的慢性毒药"。噪声的来源一般为交通噪声、工业噪声、施工噪声及生活噪声等。要避免噪声的危害，除建筑环境位置选择外，隔声措施也非常重要，例如可通过设立隔声墙、隔声门窗、栽种可改善声学的绿化植物等措施，降低或消除噪声对人类的影响。特别是在办公、学校建筑中，可采取设置隔声屏障，以及有针对性地进行建筑外观、园林设计，通过增加噪声传输距离，阻隔噪声传递路径、吸收噪声能量，从而减少或消除噪声影响。

建筑场地内不应存在未达标排放，或者超标排放的气态、液态或固态的污染物。污染物所散发出的气味，可以很直观地通过嗅觉被人所感知：如油烟未达标排放的厨房、煤气或工业废气超标排放的燃煤锅炉房、污染物排放超标的垃圾堆等。除此之外，还需对室内空气质量进行实时监测，通过环境信息的可视化，也能够显著提高用户的感知。

2. 友好的展示措施

1）提升智慧运营，增强用户体验

结合 BIM 信息模型技术，通过将一些 AI 智能设备融入日常管理中心，呈现在用户面前，利用数据共享的技术支持，极大程度地提升用户对建筑本身及环境的感知度，如利用 BIM 技术搭载建筑园区或建筑内部电子导览系统，用于日常停车、出行、问路、导航等用途，引入智能机器人进行清洁、取件、引导咨询服务，设置可视化温控传感器，将设施设备运营的数据、状态实时显示在终端屏幕，通过机器人、可视化门铃等提供天气提示、入侵报警等功能来为用户提供便利服务，以参与到用户日常活动中，提升用户体验。同时，可以利用 BIM 系统本身已经含有的建筑各专业信息、数据，为后期设施设备运营提供技术支持，通过"机感"的转换，直观地展示出故障信息及处理记录，为智慧运营提供数据基础。

2）丰富宣传内容，加强教育引导

在实际应用中，绿色建筑均不同程度地设置了公共管理与公共服务设施、商业服务设施、市政公用设施、交通场站及社区服务设施、便民服务设施。如建筑中设有共用的会议设施、展览设施、健身设施、餐饮设施等，共享休息座位、母婴室、活动室等人员停留活动的公共空间的使用等。建议可以考虑通过智能化的服务手段开展宣传教育，设置园区服务小程序，采用设置园区导览，服务设施汇总等形式将智能交费、线上购物、在线订阅等各种场景体现出来，结合设置统一的便民服务中心，发放便民服务手册，设置便民服务宣传栏等，将便民服务以更加友好、更加形象的形式，结合"五感六知"的直观体验，向不同年龄结构、不同感知需求的用户进行宣传、引导，实现真正的全民友好的使用氛围。

5　可感知绿色建筑可量化指标

5.1　指标简介

绿色建筑可感知度指标体系（以下简称"可感知度指标体系"），是将绿色建筑的"五感六知"量化，通过采用在线实时监测、模拟计算等手段对绿色建筑进行监测、评估，形成绿色建筑体检报告，并及时将参数反馈到建筑使用者的住房智能服务设备当中，从而提升建筑使用者对绿色建筑的可感知度。

5.2　指标分析与选取方法

按照采光、通风、声音、资源、绿化、友好6类感知项，可分为1～5个感知子项。并对各感知子项分别采用一定指标进行量化分析，共17个可量化指标。

5.2.1　可量化指标手段

具体通过以下方式分析得出：

分析建筑使用者实际使用需求；

结合文献研究结果；

分析实际环境。

全部可感知度量化指标结构如图10所示。

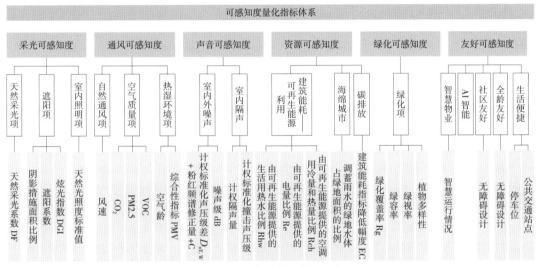

图10　可感知度量化指标体系

5.2.2　可量化指标评估方法

可量化指标采取模拟取值、监测计算值、实测等方式进行指标参数评估。一是对不能简单依靠量化参数作为指标的一类，采用建筑使用者主观判断的主观评价与设计值相结合的方法；二是对绿色建筑本身固定属性，且其参数轻易不会发生改变的一类，暂不作为动态监测指标纳入。

5.2.3　可量化指标评估等级

每个可量化指标分为"非常好、很好、好"三个等级（详见，附录B绿色建筑可感知量化指标表）。

5.3　可感知度量化指标

下面对各可量化指标的评分办法进行说明：

5.3.1　采光可感知度

由天然采光项、遮阳项、室内照明项3个感知子项，划分为4个可量化指标，其定义、评估方式及评估依据如下：

1. 天然采光系数 DF：天然采光系数 DF 为室内和室外天然光临界照度时的采光系数值，利用模拟取值 / 监测计算值进行评估。采用《建筑采光设计标准》GB 50033—2013 的量化指标作为依据。

2. 阴影措施面积比例：阴影措施面积比例定义为，场地中处于建筑阴影区外的步道、游憩场、庭院、广场等室外活动场地设有乔木、花架等遮阴措施的面积比例。利用模拟取值进行评估。采用《绿色建筑评价标准》GB/T 50378—2019 第 8.2.9 条规定"采取措施降低热岛强度，评价总分值为 10 分，按下列规则分别评分并累计：场地中处于建筑阴影区外的步道、游憩场、庭院、广场等室外活动场地设有乔木、花架等遮阴措施的面积比例，住宅建筑达到 30%，公共建筑达到 10%，得 2 分；住宅建筑达到 50%，公共建筑达到 20%，得 3 分……"的评估办法作为依据。

3. 眩光指数 DGI：眩光指数 DGI 是指实际通过玻璃的热量与通过厚度为 3mm 标准玻璃的热量的比值。采用模拟取值的评估办法。采用《建筑采光设计标准》GB 50033—2013 第 5.0.3 条"窗的不舒适眩光是评价采光质量的重要指标，根据我国对窗眩光和窗亮度的实验研究，结合舒适度评价指标，及参考国外相关标准，确定了本标准各采光等级的窗不舒适眩光指数值"。

4. 室内天然光照度标准值：天然光照度标准值是对应于规定的室外天然光设计照度值和相应的采光系数标准值的参考平面上的照度值。采用监测值进行评估，参考《建筑采光设计标准》GB 50033—2013 的要求。第 3.0.3 条指出"各采光等级参考平面上的采光标准值应符合表 3.0.3 的规定"。

5.3.2　通风可感知度

由自然通风项、空气质量项、热湿环境项 3 个感知子项构成，划分为 3 个可量化指标，其定义、评估方式及评估依据如下：

1. 室内空气质量分指数（IIAQI）（PM2.5、CO_2）：室内空气质量分指数采用监测取值的方式，参考《健康建筑评价标准》T/ASC 02—2016 的要求的第 4.2.6 条，"本条适用于各类民用建筑的设计、运行评价。本条提高了室内颗粒物的浓度要求，即要求室内 PM2.5 日均浓度不高于 37.5μg/h，PM10 日均浓度不高于 75μg/m³"。

2. 空气龄、综合性指标 PMV：空气龄（换气次数）、综合性指标 PMV 是衡量湿热环境量化指标的重要参数。采用模拟取值和监测取值相结合的方式进行量化。依照《深圳市居住建筑节能设计规范》SJG 45—2018 表 3.0.1 深圳市居住建筑室内热环境治疗与卫生换气次数的规定进行评估。

5.3.3　声音可感知度

由室内外噪声、室内隔声 2 个感知子项构成，划分为下列 3 个可量化指标，其指标的定义、评估方式及评估依据如下：

1. 噪声级 dB：使用声级计或用与此等效的测量仪器测出的噪声级。依照《民用建筑隔声设计规范》GB 50118—2010 第 4.1.1、4.1.2 条对卧室、起居室（厅）内噪声级的规定进行评估。

2. 计权隔声量：采用模拟取值及监测计算值相结合的方式评估建筑构件的空气声隔声单值评价量。依照《民用建筑隔声设计规范》GB 50118—2010 第 4.2.1 条和第 4.2.3 条对分户墙、分户楼板及分隔住宅和非居住用途空间楼板的空气声隔声性能的规定进行评估。

3. 计权标准化撞击声压级 $L'_{nT,w}$：将标准化撞击声压级频率特性曲线与国际标准化组织规定的参考曲线按一定规则比较后读取的单值指标，称为计权标准化撞击声压级。采用模拟取值及现场实测值相结合的方式评估，依照《民用建筑隔声设计规范》GB 50118—2010 第 4.2.7、第 4.2.8 条对卧室、起居室（厅）的分户楼板的撞击声隔声性能的要求进行评估。

5.3.4　资源可感知度

由可再生能源利用、海绵城市、碳排放 3 个感知子项构成，划分为下列 5 个可量化指标，其定义、

评估方式及评估依据如下:

1. Rhw、Re、Rch:可再生能源提供的生活用热水比例(Rhw)、由可再生能源提供的电量比例(Re)、由可再生能源提供的空调用冷量和热量比例(Rch)是评价建筑可再生能源利用的可量化重要指标,采用模拟取值和监测计算值相结合的手段,依照《绿色建筑评价标准》SJG 47—2018 进行评估。

2. 调蓄雨水的绿地水体占绿地面积的比例:调蓄雨水的绿地水体占绿地面积的比例用来衡量海绵城市,采用计算取值的方法,依照《绿色建筑评价标准》GB/T 50378—2019 以及《深圳市海绵城市规划要点和审查细则》(深圳市规划和国土资源委员会 2016 年 11 月印发)的要求。

3. 建筑非供暖能耗指标:根据建筑用能性质,按照规范化的方法得到的归一化的能耗数值,采取计算取值加能耗实测的方法,依照《深圳市公共建筑能耗标准》SJG 34—2017 第 4.0.1 条对办公建筑能耗指标的约束值与引导值规定进行评估。

5.3.5　绿化可感知度

由 4 个可量化指标构成,其定义、评估方式及评估依据如下:

1. 绿化覆盖率 Rg、绿容率、绿视率:绿化覆盖率 Rg 是指植被的垂直投影面积占城市总用地面积的比值,绿容率(三维绿量)是指项目建设用地范围内,单位土地面积上植物的总绿量。绿视率是指人的视野中绿色植物所占的比例(%),随着时间和空间的变化而变化,是人对环境感知的一个动态衡量因素。采用设计值进行量化评估,依照《绿色建筑评价标准》SJG 47—2018 第 4.2.3 条"场地合理设置绿化用地,提高绿地的生态效益和感知度"中对绿化覆盖率、绿容率、绿视率作出规定。

2. 植物多样性:植物多样性的评估采用主观评价与设计值相结合的办法。根据深圳市气候特点和植物自然分布特点,栽植多种类型的植物,构成乔、灌、草及层间植物相结合的多层次植物群落。依照《绿色建筑评价标准》SJG 47—2018 第 4.2.18 条有关规定进行评估。

5.3.6　友好可感知度

由智慧物业、AI 智能、社区友好、全龄友好、生活便捷 5 个感知子项构成,划分为下列 3 个可量化指标,其定义、评估方式及评估依据如下:

1. 智慧运行:智慧运行采用主观评价方式进行,作为智慧物业、AI 智能的可量化指标。依据《绿色建筑评价标准》GB/T 50378—2019 第 6.2.9 条,以及《智能建筑设计标准》GB 50314—2015 中对智能化服务系统的规定进行评估。

2. 无障碍设计:主要包括无障碍设计、安全扶手、无障碍电梯等,满足老年、青壮年和少年共同幸福生活需要。采用主观评价方式进行,作为社区友好、全龄友好的可量化指标。依照《绿色建筑评价标准》GB/T 50378—2019 第 6.2.2 条,以及《绿色建筑评价标准》SJG 47—2018 第 4.1.4 条"场地内无障碍设计应符合现行国家标准《无障碍设计规范》GB 50763—2012 的规定,且场地内外人行通道的无障碍系统应有良好的衔接(控制项)"进行评估。

3. 公共交通:主要衡量指标为周边公共交通站点数量及场地与公共交通站点联系便捷程度,公共交通的评估采用主观评价与设计值相结合的办法。依照《绿色建筑评价标准》GBT 50378—2019 出行与无障碍中第 6.2.1 条场地与公共交通站点联系便捷的要求进行评估。

注:本文为深圳市住房和建设局《可感知的绿色建筑价值及应用研究报告》,略有删减。

参考文献：

[1] 郑欣，徐路华，张华西. 从用户感知维度和项目管理维度出发的绿色健康住宅实施案例分析——北京寰宇天下绿色建筑实践 [C]. 中国土木工程学会 2020 年学术年会，2020.

[2] 樊瑛. 绿色住宅建筑的绿色元素与住户感知 [C]. 第十四届国际绿色建筑与建筑节能大会暨新技术与产品博览会，2018.

[3] 刘筱青. 基于居民感知的绿色住区使用后评价研究 [D]. 长沙：湖南大学，2017.

[4] 张诗云. 绿色中小学校园使用后评价研究 [D]. 长沙：湖南大学，2015.

[5] 郭丹丹，郭振伟，孟冲，等. 我国绿色建筑实施效果评析与推进建议 [J]. 建筑，2015，（23）：8-19.

[6] 程志军，叶凌，王清勤. "绿色建筑实施效果调研与评估"研究成果简介——"绿色建筑评价后工作"报告之二 [C]. 第 8 届国际绿色建筑与建筑节能大会，2012：8.

[7] 朱炜，郭丹丹，周益琳，等. 绿色办公建筑使用满意度调研及分析 [J]. 建筑科学，2016，32（8）：143-146.

[8] 裴祖峰. 绿色办公建筑运行性能后评估实测与研究 [D]. 北京：清华大学，2015.

[9] 李丛笑，林波荣，魏慧娇，等. 我国绿色建筑使用效果后评估实践 [J]. 动感（生态城市与绿色建筑），2015，（1）：53-58.

[10] 董俊男，周春艳. 长春地区幼儿园生活空间自然采光测试调查 [J]. 安徽建筑，2021，28（3）：24-42.

[11] 朱凯悦. 广州市绿色办公建筑室内热环境及空气品质后评估研究 [D]. 广州：广州大学，2019.

[12] 刘彦辰. 绿色办公建筑能耗和室内环境品质实测与评价研究 [D]. 北京：清华大学，2018.

[13] Choi J H, Loftness V. Investigation of human body skin temperatures as a bio-signal to indicate overall thermal sensations[J]. Building and Environment. 2012, 58（DEC.）：258-269.

[14] Kim J, de Dear R, Candido C, et al. Gender differences in office occupant perception of indoor environmental quality（IEQ）[J]. Building and Environment. 2013, 70（DEC.）：245-256.

[15] Williams A, Atkinson B, Garbesi K, et al. Lighting controls in commercial buildings[C]. Illuminating Engineering Society Annual Conference, 2012.

[16] Akkaya K, Guvenc I, Aygun R, et al. LoT-based occupancy monitoring techniques for energy-efficient smart buildings[C]. 2015 IEEE Wireless Communications and Networking Conference Workshops（WCNCW）. 2015, 58-63.

[17] Dikel E E, Newsham G R, Xue H, et al. Potential energy savings from high-resolution sensor controls for LED lighting[J]. Energy and Buildings. 2018, 158：43-53.

[18] Jin M, Liu S, Schiavon S, et al. Automated mobile sensing：towards high-granularity agile indoor environmental quality monitoring [J]. Building and Environment. 2018, 127：268-276.

[19] Guo X, Tiller DK, Henze G P, et al. The performance of occupancy-based lighting control systems：a review[J]. Lighting Research & Technology. 2010, 42（4）：415-431.

[20] Zhao Z, Amasyali K, Chamoun R, et al. Occupants' perceptions about indoor environment comfort and energy values in commercial and residential buildings[J]. Procedia Environmental Sciences, 2016, 34：631-640.

[21] Francisco A, Truong H, Ardalan K, et al. Occupant perceptions of building information model-based energy visualizations in eco-feedback systems [J]. Applied Energy. 2018, 221：220-228.

[22] Jain R K, Taylor J E, Culligan P J. Investigating the impact eco-feedback information representation has on building occupant energy consumption behavior and savings [J]. Energy and Buildings. 2013, 64（SEP.）：408-414.

[23] Bendewald M，Zhai Z Q. Using carrying capacity as a baseline for building sustainability assessment [J]. Habitat International. 2013，37（1）：22–32.

[24] Osman B，Puppim de Oliveira J A.Sustainable buildings for healthier cities：assessing the co-benefits of green buildings in Japan. [J]. Journal of Cleaner Production. 2017，163：S68–S78.

[25] Petidis I，Aryblia M，Daras T，et al. Energy saving and thermal comfort interventions based on occupants' needs：a students' residence building case [J]. Energy and Buildings. 2018，174：347–364.

[26] Samouhos S V. Building condition monitoring[D]. Massachusetts Institute of Technology，2010.

[27] Chung M H，Rhee E K. Potential opportunities for energy conservation in existing buildings on university campus：a field survey in Korea [J]. Energy and Buildings. 2014：78（AUG.）：176–182.

[28] Anderson K，Song K，Lee S H. et al. Longitudinal analysis of normative energy use feedback on dormitory occupants [J]. Applied Energy. 2017，189：623–639.

附录 A-1 学校建筑可感知绿色建筑调查问卷

可感知的绿色建筑调研问卷

您好！我们受深圳市住房和建设局的委托，谨代表深圳市绿色建筑协会开展一项名为《可感知的绿色建筑价值及应用研究》的课题项目。

我们会就本学校的绿化、配套、安全、室内外环境等方面进行问卷调研，以建设更高质量的绿色建筑，提高师生的获得感、幸福感、安全感。

本问卷将匿名填写，调研数据仅用于课题研究，成果发布仅体现大数据图表。谢谢您的支持！

□学生　　　□老师

性别：□男　□女

在本学校学习/教学时间（选填）：□0～1年　□1～3年　□3年以上

第一部分：绿化生态环境

1. 您对本学校绿化生态环境的总体满意度？（单选）
A. 很满意　　　　B. 比较满意　　　　C. 一般　　　　　　　D. 很不满意　　　　E. 不关注

2. 您对本学校绿化生态环境满意的原因？（可多选）
A. 绿化面积多　　　　　　　B. 绿植品种丰富　　　C. 有空中花园或屋顶花园
D. 有水景（如喷泉、池塘）　　E. 绿植养护好　　　　F. 能看到鸟类、蝴蝶等小动物
G. 不关注，说不出具体原因

3. 您对本学校绿化生态环境不满意的原因？（可多选）
A. 绿化面积不够　　　　　　　　B. 绿植品种单一　　　　　　C. 无空中花园或屋顶花园
D. 没有水景（如喷泉、池塘）　　E. 室外水景维护不佳　　　　F. 绿植养护不佳
G. 看不到鸟类、蝴蝶等小动物　　H. 不关注，说不出具体原因
I. 其他（请具体阐述）＿＿＿＿＿＿＿

第二部分：教学环境健康

4. 您认为现有教学环境对健康有益吗？（单选）
A. 有益　　　　B. 比较有益　　　　C. 一般　　　　D. 无益　　　　　E. 不关注

5. 您认为现有教学环境对健康有益的原因？（可多选）
A. 空气品质好，无甲醛、卫生间、垃圾、油烟等异味　　　B. 室内有新风系统
C. 有健康照明（护眼灯、无频闪、黑板无反光等）　　　　D. 饮用水水质良好
E. 有良好、安全的体育锻炼设施　　　　　　　　　　　　F. 有午休设施（课室内或有宿舍）
G. 有心理咨询室　　　　　　　　　　　　　　　　　　　H. 全校园禁烟，管理严格

6. 您认为现有学习环境对健康无益的原因？（可多选）
A. 空气品质不佳，有甲醛、卫生间、垃圾、油烟等异味　　B. 无新风系统
C. 无健康照明，影响视力　　　　　　　　　　　　　　　D. 饮用水水质不佳
E. 体育锻炼设施不佳　　　　　　　　　　　　　　　　　F. 无午休设施
G. 无心理咨询室　　　　　　　　　　　　　　　　　　　H. 控烟管理不佳
I. 不关注，说不出具体原因　　　　　　　　　　　　　　J. 其他（请具体阐述）＿＿＿＿＿＿

第三部分：智慧校园

7. 您对学校的智慧校园设施满意吗？（单选）

A. 非常满意　　　B. 满意　　　　　C. 一般　　　　　D. 非常不满意　　　E. 不关注

8. 您对智慧校园设施满意的原因？（多选）

A. 无接触校园，设施和管理完善　　　　　　　　B. 智慧安防监控、访客管理等

C. 有智慧校园一卡通、手机小程序等　　　　　　D. 智能化教学设备

E. 室内空气质量监测系统　　　　　　　　　　　F. 室内智能空调系统（自动开关和调节温度）

G. 室内智能照明系统（自动调节亮度、场景照明）　　H. 不关注，说不出具体原因

9. 您对智慧校园设施不满意的原因？（多选）

A. 智慧安防监控、访客管理不完善　　　　　　　B. 智慧校园一卡通、手机小程序不完善等

C. 智能化教学设备不完善　　　　　　　　　　　D. 无室内空气质量监测系统

E. 无室内智能空调系统　　　　　　　　　　　　F. 无室内智能照明系统

G. 不关注，说不出具体原因　　　　　　　　　　H. 其他（请具体阐述）_____

第四部分：室外环境舒适性

10. 您对本学校室外环境舒适性的评价？（单选）

A. 非常舒适　　　B. 舒适　　　　　C. 一般　　　　　D. 非常不舒适　　　E. 不关注

11. 您认为本学校室外环境舒适的原因是？（可多选）

A. 室外环境有良好自然通风　　　　　B. 夏天有足够的遮阴区域（如：树荫、架空层、连廊等）

C. 安静，无明显噪声影响　　　　　　D. 夏天室外地面吸热少

E. 夜间室外照明柔和舒适　　　　　　F. 不关注，说不出具体原因

12. 您认为本学校室外环境不舒适的原因是？（可多选）

A. 室外环境自然通风不佳　　　　　　B. 室外风太大（非台风天）

C. 夏天很晒，没有足够的遮阴区域　　D. 室外环境嘈杂，不舒适

E. 夏天地面很吸热　　　　　　　　　F. 夜间室外照明刺眼，不舒适

G. 不关注，说不出具体原因　　　　　H. 其他（请具体阐述）_____

第五部分：室内环境舒适性

13. 您对室内教学、办公、住宿环境舒适性的总体满意度？（单选）

A. 非常满意　　　B. 满意　　　　　C. 一般　　　　　D. 非常不满意　　　E. 不关注

14. 您对室内教学、办公、住宿环境舒适性满意的原因？（可多选）

A. 自然采光充足、视野好　　　　B. 自然通风良好　　　　C. 安静（隔声好、室内设备安静）

D. 温度、湿度适宜　E. 有空调、风扇　F. 空调可分区或独立调节　　G. 不关注，说不出具体原因

15. 您对室内教学、办公、住宿环境舒适性不满意的原因？（可多选）

A. 自然采光和视野不佳　　　　　B. 自然通风不佳　　　　　C. 隔声不佳

D. 温度、湿度不舒适　　　　　　E. 无空调、风扇　　　　　F. 空调不能分区或独立控制

G. 卫生间潮湿，不舒适　　　　　H. 不关注，说不出具体原因　I. 其他（请具体阐述）_____

第六部分：全龄友好

16. 您对学校的全龄友好化建设（无障碍、人性化）满意吗？（单选）

A. 非常满意　　　B. 满意　　　　　C. 一般　　　　　D. 非常不满意　　　E. 不关注

17. 您对学校全龄友好化建设满意的原因？（可多选）

A. 学校有无障碍坡道，设计合理、便捷　　　　　B. 有无障碍电梯、担架梯、搬货电梯

C. 有遮雨连廊、架空活动场地　　　　　　　　　D. 雨天无积水，出行便利

E. 生活配套设施完善　　　　　　　　　　　　　F. 公共交通设施完善

G. 不关注，说不出具体原因

18. 您对学校全龄友好化建设不满意的原因？（可多选）

A. 无障碍坡道不连续，设计不完善　　　　　　　B. 没有无障碍电梯、担架梯、搬货电梯

C. 无遮雨连廊、架空活动场地　　　　　　　　　D. 雨天有积水，出行不便利

E. 生活配套设施不完善　　　　　　　　　　　　F. 公共交通设施不完善

G. 不关注，说不出具体原因　　　　　　　　　　H. 其他（请具体阐述）＿＿＿＿＿

第七部分：节约环保

19. 您觉得此学校节约环保吗？（单选）

A. 非常节约环保　B. 比较节约环保　　C. 一般　　　　D. 不节约环保　　　　E. 不关注

20. 您觉得此学校节约环保的原因？（可多选）

A. 通风隔热好，夏天开空调时间减少　　　　　　B. 空调温度适宜，不会过冷

C. 有外遮阳或电动遮阳，玻璃隔热好　　　　　　D. 采光好，开灯时间减少

E. 有节水洁具（感应龙头、双档马桶等）　　　　F. 垃圾分类回收，能有效执行

G. 学校有可再生能源利用（太阳能、风能）　　　H. 学校有雨水、中水再利用

I. 不关注，说不出具体原因

21. 您觉得此学校不节约环保的原因？（可多选）

A. 使用空调时间长　　　　　　　　　　　　　　B. 空调太冷，且不能调节

C. 隔热不好，无遮阳设施　　　　　　　　　　　D. 采光不佳，开灯时间增加

E. 无节水洁具　　　　　　　　　　　　　　　　F. 垃圾分类回收不清晰，执行不佳

G. 学校无可再生能源利用（太阳能、风能）　　　H. 学校无雨水、中水再利用

I. 不关注，说不出具体原因　　　　　　　　　　J. 其他（请具体阐述）＿＿＿＿＿

第八部分：校园安全防护

22. 您对校园安全防护措施的总体满意度？（单选）

A. 非常满意　　　　B. 满意　　　　　　C. 一般　　　　D. 非常不满意　　　　E. 不关注

23. 您对校园安全防护措施满意的原因？（可多选）

A. 公共空间照明亮度充足　　　　　　　　　　　B. 校园治安管理较好

C. 步行环境安全（人车分流、视野良好）　　　　D. 安全警示标志完善（如禁止倚靠、当心碰头）

E. 设置绿化缓冲带，减少高空坠物危险　　　　　F. 设置防夹大门和电梯门，防止被夹

G. 设置防滑地面，减少滑倒　　　　　　　　　　H. 有防撞设计，公共空间无尖角、粗糙表面

I. 不关注，说不出具体原因

24. 您对学校安全防护措施不满意的原因？（可多选）

A. 公共空间照明亮度不佳　　　　　　　　　　　B. 学校治安管理不佳

C. 步行环境安全不佳（人车混行、容易碰撞）　　D. 安全警示标志不完善

E. 无绿化缓冲带，存在高空坠物危险　　　　　　F. 无防夹大门和电梯门，容易被夹

G. 无防滑地面，容易滑倒　　　　　　　　　　　H. 无防撞设计，有尖角、粗糙表面

I. 不关注，说不出具体原因　　　　　　　　　　J. 其他（请具体阐述）＿＿＿＿＿

第九部分：整体评价

25. 您知道此学校是绿色建筑吗？

A. 知道，且为绿色建筑三星级　　　　　B. 知道，且为绿色建筑二星级

C. 知道，且为绿色建筑一星级　　　　　D. 知道，但不知道等级　　　　　E. 不知道

26. 对绿色建筑的 8 个方面，请选出您认为最重要的 4 项：

A. 绿化生态环境　　　　　B. 教学环境健康　　　　　C. 智慧校园

D. 室内环境舒适性　　　　E. 室外环境舒适性　　　　F. 全龄友好

G. 节约环保　　　　　　　H. 校园安全防护

27. 除了以上 8 项，您认为绿色建筑还需要包含哪些方面：

_____

_____

附录 A-2　办公建筑可感知绿色建筑调查问卷

可感知的绿色建筑调研问卷

您好！我们受深圳市住房和建设局的委托，谨代表深圳市绿色建筑协会开展一项名为《可感知的绿色建筑价值及应用研究》的课题项目。

我们会就本办公楼的绿化、配套、安全、室内外环境等方面进行问卷调研，以建设更高质量的绿色建筑，提高使用者的获得感、幸福感、安全感。

本问卷将匿名填写，调研数据仅用于课题研究，成果发布仅体现大数据图表。谢谢您的支持！

□办公人员　　　□物业管理人员

年龄：□青年人（44 岁以下）　　□中年人（45 ~ 59 岁）　　□老年人（60 岁以上）

性别：□男　　　□女

在本办公楼办公时间（选填）：□0 ~ 1 年　　□1 ~ 3 年　　□3 年以上

第一部分：绿化生态环境

1. 您对本办公楼绿化生态环境的总体满意度？（单选）

A. 很满意　　　B. 比较满意　　　C. 一般　　　D. 很不满意　　　E. 不关注

2. 您对本办公楼绿化生态环境满意的原因？（可多选）

A. 绿化面积多　　　　　　　　　B. 绿植品种丰富

C. 有空中花园或垂直绿化　　　　D. 有水景（如喷泉、池塘）

E. 绿植养护好　　　　　　　　　F. 能看到鸟类、蝴蝶等小动物

G. 不关注，说不出具体原因

3. 您对本办公楼绿化生态环境不满意的原因？（可多选）

A. 绿植面积不够　　　　　　　　B. 绿植品种单一

C. 无空中花园或垂直绿化　　　　D. 没有水景（如喷泉、池塘）

E. 室外水景维护不佳　　　　　　F. 绿植养护不佳

G. 看不到鸟类、蝴蝶等小动物　　H. 不关注，说不出具体原因

I. 其他（请具体阐述）_____

第二部分：办公环境健康

4. 您认为现有办公环境对健康有益吗？（单选）

A. 有益　　　　　B. 比较有益　　　　　C. 一般　　　　　D. 无益　　　　　E. 不关注

5. 您认为现有办公环境对健康有益的原因？（可多选）

A. 空气品质好，无甲醛、卫生间等异味　　　　B. 室内有新风系统

C. 地下车库无异味　　　　　　　　　　　　　D. 室内外禁烟，管理严格

E. 饮用水质良好　　　　　　　　　　　　　　F. 有健身设施配套

G. 有人体工学办公家具　　　　　　　　　　　H. 有午休设施和休息区

I. 不关注，说不出具体原因

6. 您认为现有办公环境对健康无益的原因？（可多选）

A. 空气品质不佳，有甲醛、卫生间等异味　　　B. 无新风系统

C. 地下车库有异味　　　　　　　　　　　　　D. 控烟管理不佳

E. 饮用水质不佳　　　　　　　　　　　　　　F. 无健身设施或设施不完善

G. 无人体工学办公家具　　　　　　　　　　　H. 无午休设施和休息区

I. 不关注，说不出具体原因　　　　　　　　　J. 其他（请具体阐述）_____

第三部分：智慧办公

7. 您对本楼的智慧办公设施满意吗？（单选）

A. 非常满意　　B. 满意　　　　　C. 一般　　　　　D. 非常不满意　　　E. 不关注

8. 您对智慧办公设施满意的原因？（多选）

A. 无接触进出公共区域　　　　　B. 有智慧停车系统

C. 有完善的网络设施　　　　　　D. 有智慧办公软件、手机小程序

E. 室内空气质量监测系统　　　　F. 室内智能空调系统

G. 室内智能照明系统（自动调节亮度、场景照明）　　　H. 不关注，说不出具体原因

9. 您对智慧社区/家居设施不满意的原因？（多选）

A. 无智慧停车系统　　　　　　　B. 网络设施不佳　　　　　C. 无智慧办公软件、手机小程序

D. 无室内空气质量监测系统　　　E. 无室内智能空调系统　　　F. 无室内智能照明系统

G. 不关注，说不出具体原因　　　H. 其他（请具体阐述）_____

第四部分：室外环境舒适性

10. 您对本办公楼室外环境舒适性的评价？（单选）

A. 非常舒适　　B. 舒适　　　　　C. 一般　　　　　D. 非常不舒适　　　E. 不关注

11. 您认为本办公楼室外环境舒适的原因是？（可多选）

A. 室外环境有良好自然通风　　　B. 夏天有足够的遮阴区域（如：树荫、架空层、连廊等）

C. 地面停车少　　　　　　　　　D. 夏天室外地面吸热少

E. 无光污染（幕墙光反射、夜间照明过亮）　　　F. 安静，无明显噪声影响

G. 不关注，说不出具体原因

12. 您认为本办公楼室外环境不舒适的原因是？（可多选）

A. 室外环境自然通风不佳　　　　　　　　　　B. 室外风太大（非台风天）

C. 夏天很晒，没有足够的遮阴区域　　　　　　D. 地面停车太多

E. 广场面积太大，夏天地面很吸热 　　　　　　　F. 有光污染

G. 室外环境嘈杂，不舒适 　　　　　　　　　　H. 不关注，说不出具体原因

I. 其他（请具体阐述）＿＿＿＿＿＿＿＿

第五部分：室内环境舒适性

13. 您对室内环境舒适性的总体满意度？（单选）

A. 非常满意　　　B. 满意　　　　C. 一般　　　　D. 非常不满意　　　E. 不关注

14. 您对室内环境舒适性满意的原因？（可多选）

A. 自然采光充足、视野好　　　　B. 通风良好　　　　C. 安静（隔声好、室内设备安静）

D. 温度、湿度适宜　　　　　　　E. 空调可分区或独立调节

F. 照明舒适、亮度合理　　　　　G. 不关注，说不出具体原因

15. 您对室内环境舒适性不满意的原因？（可多选）

A. 自然采光和视野不佳　　　　B. 通风不佳　　　　　　　C. 隔声不佳

D. 温度、湿度不舒适　　　　　E. 空调不能分区或独立控制　　F. 照明不舒适

G. 卫生间潮湿，不舒适　　　　H. 不关注，说不出具体原因

I. 其他（请具体阐述）＿＿＿＿＿＿＿＿

第六部分：全龄友好

16. 您对办公楼的全龄友好化建设（无障碍、母婴设施等）满意吗？（单选）

A. 非常满意　　　B. 满意　　　　C. 一般　　　　D. 非常不满意　　　E. 不关注

17. 您对办公楼全龄友好化建设满意的原因？（可多选）

A. 无障碍设施完善（坡道、电梯、车位、卫生间等）

B. 有人性化设施（母婴室、轮椅、雨伞租借等）

C. 有雨篷、遮雨连廊　　　　　D. 雨天无积水，出行便利　　　E. 周边功能配套完善

F. 公共交通设施完善　　　　　G. 不关注，说不出具体原因

第七部分：节约环保

18. 您觉得此办公楼节约环保吗？（单选）

A. 非常节约环保　B. 比较节约环保　　C. 一般　　　　D. 不节约环保　　　E. 不关注

19. 您觉得此办公楼节约环保的原因？（可多选）

A. 有可开启窗，减少开空调　　　　　　　　B. 空调温度适宜，不会过冷

C. 有外遮阳或电动遮阳、玻璃隔热好　　　　D. 采光好，开灯时间减少

E. 有节水洁具（感应龙头、双档马桶等）　　F. 垃圾分类回收，能有效执行

G. 办公楼有可再生能源利用（太阳能、风能）　　H. 办公楼有雨水、中水再利用

I. 不关注，说不出具体原因

20. 您觉得此办公楼不节约环保的原因？（可多选）

A. 不能开窗，只能开空调　　B. 空调太冷，且不能调节　　C. 隔热不好，无遮阳设施

D. 采光不佳，开灯时间增加　E. 无节水洁具　　　　F. 垃圾分类回收不清晰，执行不佳

G. 办公楼无可再生能源利用（太阳能、风能）　　H. 办公楼无雨水、中水再利用

I. 不关注，说不出具体原因　　　　　　　　J. 其他（请具体阐述）＿＿＿＿＿＿＿＿

第八部分：办公楼安全防护

21. 您对办公楼安全防护措施的总体满意度？（单选）

A. 非常满意　　　B. 满意　　　　C. 一般　　　　D. 非常不满意　　　E. 不关注

22. 您对办公楼安全防护措施满意的原因？（可多选）

A. 公共空间照明亮度充足　　　　　　　　　　　B. 办公楼治安管理较好

C. 步行环境安全（人车分流、视野良好）　　　　D. 安全警示标志完善（如禁止倚靠、当心碰头）

E. 设置绿化缓冲带，减少高空坠物危险　　　　　F. 设置防夹大门和电梯门，防止被夹

G. 设置防滑地面，减少滑倒　　　　　　　　　　H. 有防撞设计，公共空间无尖角、粗糙表面

I. 不关注，说不出具体原因

23. 您对办公楼安全防护措施不满意的原因？（可多选）

A. 公共空间照明亮度不佳　　　　　　　　　　　B. 办公楼治安管理不佳

C. 步行环境安全不佳（人车混行、容易碰撞）　　D. 安全警示标志不完善

E. 无绿化缓冲带，存在高空坠物危险　　　　　　F. 无防夹大门和电梯门，容易被夹

G. 无防滑地面，容易滑倒　　　　　　　　　　　H. 无防撞设计，有尖角、粗糙表面

I. 不关注，说不出具体原因　　　　　　　　　　J. 其他（请具体阐述）＿＿＿＿＿＿＿＿＿＿

第九部分：整体评价

24. 您知道此办公楼是绿色建筑吗？

A. 知道，且为绿色建筑三星级　　　　B. 知道，且为绿色建筑二星级

C. 知道，且为绿色建筑一星级　　　　D. 知道，但不知道等级　　　　　　E. 不知道

25. 对绿色建筑的 8 个方面，请选出您认为最重要的 4 项：

A. 绿化生态环境　　　　　B. 办公环境健康　　C. 智慧办公　　　D. 室内环境舒适性

E. 室外环境舒适性　　　　F. 全龄友好　　　　G. 节约环保　　　H. 办公楼安全防护

26. 除了以上 8 项，您认为绿色建筑还需要包含哪些方面：

＿＿＿

＿＿＿

附录 A-3　住宅建筑可感知绿色建筑调查问卷

可感知的绿色建筑调研问卷

您好！我们受深圳市住房和建设局的委托，谨代表深圳市绿色建筑协会开展一项名为《可感知的绿色建筑价值及应用研究》的课题项目。

我们会对街坊们就小区绿化、配套、安全、室内外环境等方面进行问卷调研，以建设更高质量的绿色建筑，提高老百姓的获得感、幸福感、安全感。

本问卷将匿名填写，调研数据仅用于课题研究，成果发布仅体现大数据图表。谢谢您的支持！

□住户　　　　□物业管理人员

年龄：□少年人（18 岁以下）　　□青年人（19 ~ 44 岁）　　□中年人（45 ~ 59 岁）　　□老年人（60 岁以上）

性别：□男　　　□女

在本小区居住时间：□ 0 ~ 1 年　　□ 1 ~ 3 年　　□ 3 年以上
家里是否有小孩（选填）：□是　　□否
家里是否有老人（选填）：□ 是　　□否

第一部分：绿化生态环境

1. 您对本小区绿化生态环境的总体满意度？（单选）

A. 很满意　　　　B. 比较满意　　　　C. 一般　　　　D. 很不满意　　　　E. 不关注

2. 您对本小区绿化生态环境满意的原因？（可多选）

A. 绿化面积多　　　　B. 绿植品种丰富　　　　　　C. 有水景（如喷泉、池塘）

D. 绿植养护好　　　　E. 能看到鸟类、蝴蝶等小动物　　F. 不关注，说不出具体原因

3. 您对本小区绿化生态环境不满意的原因？（可多选）

A. 绿化面积不够　　　　　　　B. 绿植品种单一　　C. 没有水景（如喷泉、池塘）

D. 室外水景维护不佳　　　　　E. 绿植养护不佳　　F. 看不到鸟类、蝴蝶等小动物

G. 不关注，说不出具体原因　　H. 其他（请具体阐述）_____

第二部分：居住环境健康

4. 您认为现有居住环境和小区环境对健康有益吗？（单选）

A. 有益　　　　B. 比较有益　　　　C. 一般　　　　D. 无益　　　　E. 不确定

5. 您认为现有居住环境和小区环境对健康有益的原因？（可多选）

A. 空气品质好，无甲醛、卫生间、垃圾、油烟等异味　　B. 室内有新风系统

C. 地下车库无异味　　　　　　　　　　　　　　　　D. 室内外禁烟，管理严格

E. 自来水水质良好　　　　F. 有良好健身设施　　　　G. 不关注，说不出具体原因

6. 您认为现有居住环境和小区环境对健康无益的原因？（可多选）

A. 空气品质不佳，有甲醛、卫生间、垃圾、油烟等异味　　B. 无新风系统

C. 地下车库有异味　　　　D. 控烟管理不佳　　　　E. 自来水水质不佳

F. 健身设施不佳　　　　G. 不关注，说不出具体原因　　H. 其他（请具体阐述）_____

第三部分：智慧社区 / 家居

7. 您对小区的智慧社区 / 家居设施满意吗？（单选）

A. 非常满意　　　B. 满意　　　　　C. 一般　　　　D. 非常不满意　　　E. 不关注

8. 您对智慧社区 / 家居设施满意的原因？（多选）

A. 无接触社区，设施和管理完善　　B. 有智慧停车系统

C. 智慧安防监控、报警　　　　　　D. 有智慧社区 / 家居手机软件、小程序

E. 室内空气质量监测系统　　　　　F. 室内智能空调系统（自动开关和自动调节温度）

G. 室内智能照明系统（自动调节亮度、场景照明）　　H. 居家老人健康监控，并与物管联动

I. 不关注，说不出具体原因

9. 您对智慧社区 / 家居设施不满意的原因？（多选）

A. 无智慧停车系统　　　　B. 无智慧安防监控、报警　　　C. 无智慧社区 / 家居手机软件、小程序

D. 无室内空气质量监测系统　E. 无室内智能空调系统　　　F. 无室内智能照明系统

G. 无居家老人健康监控　　　H. 不关注，说不出具体原因　　I. 其他（请具体阐述）_____

第四部分：室外环境舒适性

10. 您对本小区室外环境舒适性的评价？（单选）

A. 非常舒适　　　　B. 舒适　　　　　C. 一般　　　　　D. 非常不舒适　　　E. 不关注

11. 您认为本小区室外环境舒适的原因是？（可多选）

A. 室外环境有良好自然通风　　　　　B. 夏天有足够的遮阴区域（如：树荫、架空层、连廊等）

C. 地面停车少　　　　　　　　　　　D. 夏天室外地面吸热少　　　　　　　E. 夜间照明柔和舒适

F. 安静，无明显噪声影响　　　　　　G. 不关注，说不出具体原因

12. 您认为本小区室外环境不舒适的原因是？（可多选）

A. 室外环境自然通风不佳　　　B. 室外风太大（非台风天）　　　C. 夏天很晒，没有足够的遮阴区域

D. 地面停车太多　　　　　　　E. 广场面积太大，夏天地面很吸热　F. 夜间室外照明刺眼，不舒适

G. 室外环境嘈杂，不舒适　　　H. 不关注，说不出具体原因　　　　I. 其他（请具体阐述）_____

第五部分：室内环境舒适性

13. 您对室内环境舒适性的总体满意度？（单选）

A. 非常满意　　　　B. 满意　　　　　C. 一般　　　　　D. 非常不满意　　　E. 不关注

14. 您对室内环境舒适性满意的原因？（可多选）

A. 自然采光充足、视野好　　　　　B. 通风良好　　　　　　　C. 安静（隔声好、室内设备安静）

D. 温度、湿度适宜　　　　　　　　E. 空调温度可独立调节　　F. 照明舒适、亮度合理

G. 卫浴干湿分离，防水好　　　　　H. 不关注，说不出具体原因

15. 您对室内环境舒适性不满意的原因？（可多选）

A. 自然采光和视野不佳　　　　　　B. 通风不佳　　　　　　　C. 隔声不佳

D. 温度、湿度不舒适　　　　　　　E. 空调不能人性化控制　　F. 照明不舒适

G. 卫生间潮湿，不舒适　　　　　　H. 不关注，说不出具体原因　I. 其他（请具体阐述）_____

第六部分：全龄友好

16. 您对小区的全龄友好化建设（老幼设施、生活配套）满意吗？（单选）

A. 非常满意　　　　B. 满意　　　　　C. 一般　　　　　D. 非常不满意　　　E. 不关注

17. 您对小区全龄友好化建设满意的原因？（可多选）

A. 小区有无障碍坡道，设计合理、便捷　　　　B. 有无障碍电梯、担架梯、搬货电梯

C. 老年活动设施完善，有适老设计　　　　　　D. 儿童活动设施完善，有适幼设计

E. 有遮雨连廊、架空活动场地　　　　　　　　F. 雨天无积水，出行便利

G. 周边生活配套设施完善　　　　　　　　　　H. 公共交通设施完善

I. 不关注，说不出具体原因

18. 您对小区全龄友好化建设不满意的原因？（可多选）

A. 无障碍坡道不连续，设计不完善　　　　　　B. 没有无障碍电梯、担架梯、搬货电梯

C. 老年活动设施不完善　　　　　　　　　　　D. 儿童活动设施不完善

E. 无遮雨连廊、架空活动场地　　　　　　　　F. 雨天有积水，出行不便利

G. 周边生活配套设施不完善　　　　　　　　　H. 公共交通设施不完善

I. 不了解，说不出具体原因　　　　　　　　　J. 其他（请具体阐述）_____

第七部分：节约环保

19. 您觉得此小区节约环保吗？（单选）

A. 非常节约环保 B. 比较节约环保　　C. 一般　　　　　D. 不节约环保　　　E. 不关注

20. 您觉得此小区节约环保的原因？（可多选）

A. 通风隔热好，夏天开空调时间减少　　　　　　　B. 采光好，开灯时间减少

C. 有双档冲厕节水马桶　　　　　　　　　　　　　D. 垃圾分类回收，能有效执行

E. 小区有可再生能源利用（太阳能、风能）　　　　F. 小区有雨水、中水再利用

G. 不关注，说不出具体原因

21. 您觉得此小区不节约环保的原因？（可多选）

A. 使用空调时间长，电费高　　　　　　　　　　　B. 采光不佳，开灯时间增加

C. 无双档冲厕节水马桶　　　　　　　　　　　　　D. 垃圾分类回收不清晰，执行不佳

E. 小区无可再生能源利用（太阳能、风能）　　　　F. 小区无雨水、中水再利用

G. 不关注，说不出具体原因　　　　　　　　　　　H. 其他（请具体阐述）_____

第八部分：小区安全防护

22. 您对小区安全防护措施的总体满意度？（单选）

A. 非常满意　　　　B. 满意　　　　　　C. 一般　　　　　D. 非常不满意　　　E. 不关注

23. 您对小区安全防护措施满意的原因？（可多选）

A. 公共空间照明亮度充足　　　　　　　　　　　　B. 小区治安管理较好

C. 步行环境安全（人车分流、视野良好）　　　　　D. 安全警示标志完善（如禁止倚靠、当心碰头）

E. 设置绿化缓冲带，减少高空坠物危险　　　　　　F. 设置防夹大门和电梯门，防止被夹

G. 设置防滑地面，减少滑倒　　　　　　　　　　　H. 有防撞设计，公共空间无尖角、粗糙表面

I. 不关注，说不出具体原因

24. 您对小区安全防护措施不满意的原因？（可多选）

A. 公共空间照明亮度不佳　　　　　　　　　　　　B. 小区治安管理不佳

C. 步行环境安全不佳（人车混行、容易碰撞）　　　D. 安全警示标志不完善

E. 无绿化缓冲带，存在高空坠物危险　　　　　　　F. 无防夹大门和电梯门，容易被夹

G. 无防滑地面，容易滑倒　　　　　　　　　　　　H. 无防撞设计，有尖角、粗糙表面

I. 不关注，说不出具体原因　　　　　　　　　　　J. 其他（请具体阐述）_____

第九部分：整体评价

25. 您知道居住的小区是绿色建筑吗？

A. 知道，且为绿色建筑三星级　　　　B. 知道，且为绿色建筑二星级

C. 知道，且为绿色建筑一星级　　　　D. 知道，但不知道等级　　　　　　　E. 不知道

26. 对绿色建筑的 8 个方面，请选出您认为最重要的 4 项：

A. 绿化生态环境　　B. 居住环境健康　　C. 智慧社区 / 家居　　D. 室内环境舒适性

E. 室外环境舒适性　F. 全龄友好　　　　G. 节约环保　　　　　H. 小区安全防护

27. 除了以上 8 项，您认为绿色建筑还需要包含哪些方面：

_____

_____

附录 B 绿色建筑可感知量化指标表

采光指标	标准规定	可量化等级
天然采光系数 DF	$4 \leqslant DF < 5$	非常好
	$2 < DF < 4$	很好
	$1 \leqslant DF < 2$	好
阴影措施面积比例	标准为住宅达到 50%，公共建筑达到 20%	非常好
	标准为住宅达到 30% ~ 50%，公共建筑达到 10% ~ 20%	很好
	标准为住宅达到 30%，公共建筑达到 10%	好
眩光指数 DGI	满足建筑采光设计标准等级要求的眩光值	非常好
	比建筑采光设计标准等级要求的眩光值高 1 ~ 2 级	很好
	比建筑采光设计标准等级要求的眩光值高 3 ~ 4 级	好
室内天然光照度标准值	Ⅰ ~ Ⅱ（侧面采光 600 ~ 750，顶部采光 450 ~ 750）	非常好
	Ⅲ ~ Ⅳ（侧面采光 300 ~ 450，顶部采光 150 ~ 300）	很好
	Ⅴ（侧面采光 150，顶部采光 75）	好
通风指标	标准规定	可量化等级
室内空气质量分指数（IIAQI）（PM2.5、CO_2）	0（PM2.5 每 24 小时平均为 $0\mu g/m^3$，CO_2 每 1 小时平均为 $786mg/m^3$，约 0.04%）	非常好
	50（PM2.5 每 24 小时平均为 $35\mu g/m^3$，CO_2 每 1 小时平均为 $1571mg/m^3$，约 0.08%）	很好
	100（PM2.5 每 24 小时平均为 $75\mu g/m^3$，CO_2 每 1 小时平均为 $1964mg/m^3$，约 0.10%）	好
空气龄	计算换气次数 1.5 次以上 /h	非常好
	计算换气次数 1.5 次 /h	很好
	计算换气次数 1.5 次以下 /h	好
PMV	室内干球温度 26℃、计算换气次数 1.5 次 /h、室内空气相对湿度 60%	非常好
	PMV：−0.7 ~ +0.7；室内干球温度 26 ~ 28℃、计算换气次数 1.5 次 /h、室内空气相对湿度 ≤ 70%	很好
	室内干球温度 12 ~ 30℃、计算换气次数 1.5 次 /h、室内空气相对湿度 ≤ 70%	好
声音指标	标准规定	可量化等级
噪声级（dB）	卧室、起居室（厅）内：夜间 =30，昼间 =40	非常好
	卧室、起居室（厅）内：30< 夜间 <37，40< 昼间 <45	很好
	卧室、起居室（厅）内：夜间 =37，昼间 =45	好
计权隔声量（dB）	≤ 45	非常好
	分户墙和分户楼板 > 45；分割住宅和非居住用途空间的楼板 > 51	很好
	分户墙和分户楼板 > 50	好
计权标准化撞击声压级 $L'_{nT,w}$（现场测量）(dB)	卧室、起居室（厅）的分户楼板 =65	非常好
	65< 卧室、起居室（厅）的分户楼板 <75	很好
	卧室、起居室（厅）的分户楼板 =75	好
资源指标	标准规定	可量化等级
可再生能源提供的生活用热水比例（Rhw）	Rhw ≥ 60%	非常好
	40% ≤ Rhw<60%	很好
	20% ≤ Rhw<40%	好
由可再生能源提供的电量比例（Re）	Re ≥ 2.0	非常好
	1.0% ≤ Re<2.0%	很好
	0.5% ≤ Re<1.0%	好

续表

资源指标	标准规定	可量化等级
由可再生能源提供的空调用冷量和热量比例（Rch）	Rch ≥ 40%	非常好
	30% ≤ Rch<40%	很好
	20% ≤ Rch<30%	好
调蓄雨水的绿地水体占绿地面积的比例	达到 60%	非常好
	30% ~ 60% 之间	很好
	达到 30%	好
建筑非供暖能耗指标	低于 50	非常好
	50 ~ 65 之间	很好
	达到 65	好
绿化指标	标准规定	可量化等级
绿化覆盖率（Rg）	居住建筑：新区建设达到 40%，旧区改建达到 35%； 公共建筑：公共设施类 Rg 达到 40%、其他类 Rg 达到 30%	非常好
	居住建筑：新区建设 30% ≤ Rg<40%，旧区改建 25% ≤ Rg<35%； 公共建筑：公共设施类 30%<Rg<40%、其他类 20%<Rg<30%	很好
	居住建筑：新区建设达到 30%，旧区改建达到 25%； 公共建筑：公共设施类达到 30%、其他类达到 20%	好
绿容率	达到 1.5	非常好
	0.8 ~ 1.5 之间	很好
	达到 0.8	好
绿视率	达到 25%	非常好
	15% ~ 25%	很好
	达到 15%	好
调蓄雨水的绿地水体占绿地面积的比例	达到 60%	非常好
	30% ~ 60% 之间	很好
	达到 30%	好
植物多样性	《绿色建筑评价标准》SJG 47—2018 第 4.2.18 条评分条件，3 项	非常好
	《绿色建筑评价标准》SJG 47—2018 第 4.2.18 条评分条件，2 项	很好
	《绿色建筑评价标准》SJG 47—2018 第 4.2.18 条评分条件，1 项	好
友好指标	标准规定	可量化等级
智慧运行	具有智能化服务，满足至少 3 种类型的服务功能及建筑设备管理系统自动监控管理功能，具备介入智慧城市（城区、社区）的功能	非常好
	具有智能化服务与设备管理系统，满足至少 3 种类型的服务功能及建筑设备管理系统自动监控管理功能	很好
	具有智能化服务，满足至少 3 种类型的服务功能或建筑设备管理系统自动监控管理功能	好
无障碍设计	满足 3 项无障碍设计措施	非常好
	满足 2 项无障碍设计措施	很好
	满足 1 项无障碍设计措施	好
公共交通	2 条，300m< 步行距离 ≤ 500m	非常好
	2 条，500m< 步行距离 ≤ 800m	很好
	2 条	好

◇ **可感知的木结构低碳建筑**
——富春湾新城未来城市体验馆

陈 敏 陈萧羽 王龙岩

摘 要：木结构建筑为可持续绿色低碳建筑，它的使用效果好： 节能、隔声，装配式施工效率高。是我们当今应该推广的新型建筑材料。
关键词：绿色建筑，现代木结构，正交胶合木，加工中心

我国改革开放之后城乡和住房建设发生了翻天覆地的变化。从简陋建筑到节能建筑，再走向绿色低碳建筑。绿色低碳建筑是指在建筑材料、设备制造、建筑施工和建筑物使用的整个生命周期内，减少石化能源的使用，提高能效，降低二氧化碳排放量的建筑。木结构建筑是节能环保的绿色建筑。木结构建筑主要材料为木材，木材是可再生资源，以及木结构建筑为人们提供温馨、自然、健康、舒适的起居场所，木材是绿色环保材料，它纹理美观，色彩丰富；吸声、隔声性能良好；很多种木材能够散发出特殊的芳香，有利健康，又可抵抗多种生物的危害等等。据日本学者调查，居住木造住宅者的平均寿命较居住钢筋混凝土造住宅者高 9 ~ 11 岁。

现代木结构建筑是指经过现代先进技术处理的新型木建筑结构形式，其不仅继承了传统木结构建筑抗震性强、隔热性好等优点，而且施工便捷，使用年限也远长于传统木结构建筑。现代木结构主要采用木质工程材料作为结构构件原材料、工厂加工预制结构构件和部品部件，通过现场装配施工而成。其具有加工精度高、质量稳定、材料利用率高、方便运输、施工周期短、现场所需施工设备简便等优点，再加上木材本身的材料特点，其施工过程中产生的能源消耗及环境污染均低于钢材和混凝土，而且废弃的木材可自然降解，具有环保意义，是标准的绿色建筑。

本文主要以富春湾新城未来城市体验馆为对象来详细研究木结构绿色建筑（图 1）。

图 1 未来城市体验馆实景图

1 木结构

1.1 国外应用概况

20 世纪 80 年代至今，是国际上木结构发展最快的时期。木材具有重量轻、强度高、美观、加工性能好等特点，因此自古以来就受到人们的偏爱。从实木、原木结构到胶合木结构，再到复合木结构，木结构已不再是传统概念上的木结构，在建筑上已经达到可以替代钢材的程度。在欧美、日本等发达国家，木结构的大量研究与应用还同时促进了森林资源采伐和利用的良性，形成了成熟的森林管理体系。

1981 年建成的美国塔科马穹顶体育馆，其穹顶直径达 162m，高出地面达 45.7m，可容纳观众达 26000 人。

菲律宾的 Mactan-Cebu 国际机场是目前亚洲第 1 个大跨度全木结构的国际机场。该机场屋面设计为跨度 23m 的全胶合木屋顶，面积达 65000m²。

2019 年 11 月落成的挪威 SR 银行总部大楼位于挪威西海岸的斯塔万格市（Stavanger），它是北欧规模最大的木结构办公建筑，建筑面积 22500m²，其中地上 13200m²，高 4 ~ 7 层（图 2、图 3）。

图 2 挪威 SR 银行总部大楼立面

图 3 挪威 SR 银行总部大楼大堂

1.2 国内木结构应用

木结构建筑在我国有悠久的建造历史，是我国古代建筑的主要结构类型。许多宫殿、寺庙和住宅都采用木材制作梁、架、檩、柱、斗拱、雀替等构件，连接方式多采用中国古建筑中特有的榫卯连接。其灵活的风格、合理的布局、适宜的建筑体量以及精巧的装修在世界享有盛誉，是五大最古老的建筑体系之一。但古代木结构建筑不适宜现代人的居住生活，近年来随着中国对建筑物节能减排的日益重视和国外现代木结构产品及技术的大量引入，使技术实现转化并本土化，现代木结构建筑在中国得到越来越多的关注。

贵州省黔东南州游泳馆用地为东西长 132.4m，南北深 112m 的长方形地块，采用大跨度木拱屋架结构形式。上部屋盖采用张弦木拱体系，跨度 50.4m；木拱沿弧长分三段拼接，每段由 2 块截面为 170mm（厚度）×1000mm（高度）胶合木构件组合拼装而成，并选用 PRF 结构胶粘剂粘接，表面采用环保型木材防腐液 ACQ 和防护型木蜡油进行二次涂装，有效提高了耐久性和防潮性。通过 6 根木撑杆与主索共同形成张弦结构，与纵向索和屋面索构成完整的稳定结构体系。自平衡的张弦木拱以滑移支座支撑，消除了支座水平推力。

苏州胥江木结构桁架拱桥全长 108m，宽 6m，主拱为跨度 75.7m 的胶合木桁架拱体系，主拱截面高度 1.2m，建造这座木拱桥共使用了 400m³ 的木材，是目前世界单孔跨度最大的木结构桥梁。该桥采用高硬度松木，由 7cm 宽、3cm 厚、2m 左右长度的小木条拼接胶合而成，设计承载力 4.5kN/m²。

由建学设计的杭州市富阳区富春湾新城未来城市体验馆长 65m，宽 38m，屋顶最高处为

10.88m，总面积为 2470m²，最大的木柱为 450mm×450mm×10227mm，最大的木梁为 250mm×850mm×20175mm，共使用木材 500 多立方米，为华东地区最大现代木结构场馆，全年采暖、通风、空气调节和照明的总能耗可减少 50%，本项目木结构建设比传统建筑减少碳排放 1000t（图 4）。

富春湾新城未来城市体验馆造型新颖设计大气，寓意深远美好。整体造型寓意着源源不断的富春江潮，孕育着富春江新城，富春江水源远流长。屋顶中部的四水归堂设计理念来源于传承天人合一的理学思想，寓意水聚天心。富春湾新城未来城市体验馆为现代木结构的典范作品（图 5）。

图 4　体验馆入口实景图

图 5　体验馆立面实景图

2　木材的性能

2.1　保温性能

木材的导热系数（垂直木纹方向）一般小于 0.2W/（m·K），属于绝热材料。木材是一种天然的隔热材料，其热阻值比标准的混凝土高 16 倍，比钢材高 400 倍，比铝高 1600 倍。测试结果表明，150mm 厚的木结构墙体的保温能力相当于 610mm 厚的砖墙。如果要钢材、混凝土或砖石结构建筑与木结构具有相同水平的保温性能，必须使用更多的保温材料或者加厚墙体。墙体是建筑围护结构的重要组成部分，提高墙体保温隔热性能是提高建筑节能水平最为有效的措施之一。

富春湾新城未来城市体验馆屋顶保温结构为装配式木结构（表 1、图 6）。

0.9mm 厚 25-430 型立边咬合铝镁锰合金板
6mm 聚丙烯通风降噪丝网
3mm 防水卷材 SBS（自我修复型）
12mm 木基板 OSB 板
184mm 木椽条
椽条间内含 184mm 厚玻璃丝保湿棉 12kg/m³
0.15mm 厚单项防潮呼吸纸
15mm 厚防火石膏板

屋面外

屋面内

图 6　体验馆屋顶保温做法示意

		体验馆屋顶保温做法		表 1
编号	材料名称	规格（mm）	主要参数	导热系数 [W/（m·K）]
1	定向刨花板（OSB）	1220×240×12		0.34
2	规格材（SPF）	38×184	加拿大 No.2 级	0.16（横向），0.38（纵向）
3	纸面石膏板	1220×2440×15		0.33
4	保温岩棉	50（平均厚度）	0.01g/cm³（密度）	0.042

依据《建筑物围护结构传热系数及采暖供热量检测方法》GB/T 23483—2009 和《绝热 稳态传热性质的测定 标定和防护热箱法》GB/T 13475—2008，围护结构的传热系数数据分析一般优先采用算术平均法，根据经验公式（1）和公式（2）即可计算出墙体热阻和传热系数：

$$R=\frac{\sum_{j=1}^{n}(T_{ij}-T_{oj})}{\sum_{j=1}^{n}q_j} \qquad (1)$$

$$K=\frac{1}{R_i+R+R_e} \qquad (2)$$

式中　　R——热阻（m²·K/W）；

　T_{ij} 和 T_{oj}——分别为墙体传热达到稳态后内表面和外表面的第 j 次温度测量值（℃）；

　　　　q_j——墙体传热达到稳态后热流计第 j 次的测量值（mv）（热流计读数）；

　　　　K——传热系数 [W/（m²·K）]；

　R_i 和 R_e——分别为墙体内外表面的换热阻，分别取 0.11 和 0.04（m²·K / W）。

由于保温棉与墙骨柱所占面积比例不相等，为保证试验结果的准确性，采用面积加权法经验公式（3）进行计算：

$$K_a=K_w·S_w+K_c·S_c \qquad (3)$$

式中　K_a、K_w 和 K_c——分别为墙体、保温棉位置和墙骨柱位置平均传热系数 [W/（m²·K）]；

　　　　S_w 和 S_c——分别为保温棉和墙骨柱位置所占比例，本试验分别取 79% 和 20%（综合考虑钉子所占比例及金属对热传递的影响取值）。

墙体日传热量是墙体在一天中传递的热量，由墙体传热经验公式（4）确定：

$$Q_{day}=c/R_k \qquad (4)$$

式中　Q_{day}——日传热量（kWh/m²）；

　　　　R_k——轻型木结构墙体的平均传热系数 [W/（m²·K）]；

　　　　c——系数，是室内外温差（$T_{in}-\overline{T}$）的函数，其中，T_{in} 为室内温度，$\overline{T}$ 为供暖期或制冷期日平均温度。

c 可由经验公式（5）计算：

$$c=0.0256(T_{in}-\overline{T})+0.0742 \qquad (5)$$

可得出木结构屋面日传热量计算公式为：

$$Q_{day}=\frac{0.0256(T_{in}-\overline{T})+0.0742}{R_k} \qquad (6)$$

由以上公式可计算出富春湾新城未来城市体验馆木结构屋面日传热量为 0.21kWh/m²。

2.2　声学性能

根据任陆洁等人《轻型木结构建筑墙体隔声性能测试与分析》一文中的测试结果表明，木结构有良好的声学性能。

在关闭门窗时实测的木结构房的室内外隔声量倍数为 37.80 倍；闭门开窗时，其室内外隔声量倍数为 19.79 倍。上述条件下实测的室内 A 计权声级符合国家标准规定的居住建筑室内允许噪声级三级（A 计权），即室内噪声小于 50dB 水平，同时室内 A 计权声级符合《声环境质量标准》GB 3096—2008 中 2 类标准限值规定昼间不大于 60dB（A），夜间不大于 50dB（A）要求。

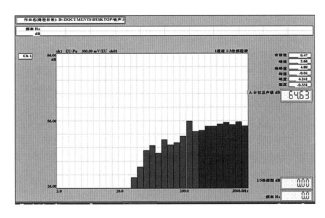

在关闭门窗时木建筑实测室外的声压能量在 0 ~ 20Hz 频率范围内集中均衡，其多为建筑的固有频率；在 20 ~ 200Hz 频率范围内噪声声压呈线性递增分布，音调随之提高，一般由人类日常生活活动产生；在 200 ~ 2000Hz 频率范围内比较集中均衡（图 7）。

图 7　木结构建筑关闭门窗时实测室外隔声频谱

2.3　力学性能

富春湾新城未来城市体验馆在设计时为考虑力学稳定性，在局部二层设计使用了正交胶合木（CLT）结构（图 8），参照李艳敏在《正交胶合木装配式多层木结构体系研究》一文中的数据，通过求解有限元模型，得到了楼板在均布荷载作用下的变形图（图 9）。

可以发现在均布荷载作用下，楼板中部向下部凹陷。同时可以发现楼板虽然为正方形，其变形却呈椭圆形分布，变形的等高线形成的椭圆在平行于表层层板顺纹方向延伸较长，而在垂直于表层层板顺纹方向延伸较短。这是由正交胶合木构件的组胚决定的，表层层板顺纹方向的弹性模量较大而垂直该方向的弹性模量相对较小。故在平行于表层层板木纹方向的变形小于垂直于表层层板方向。

图 8　胶合木结构框架及 CLT 局部楼板

同时考察楼板内部的应力分布，对于顺纹应力，由图 10 可以发现，在平行于表层层板方向，且接近于支撑位置的顺纹应力较大。而在另一侧的顺纹应力则较小。可见楼板主要通过平行表层层板方向传递荷载。

另外将变形后的模型剖开，如图 11 所示，可以发现楼盖在平行于表层层板方向的边部接近支座的位置，正交胶合木中间的横纹层存在较大的滚动剪切应力。

图 9　正交胶合木楼板变形图

图 10　正交胶合木楼板应力分布图

图 11　正交胶合木楼板中间横纹层的剪力

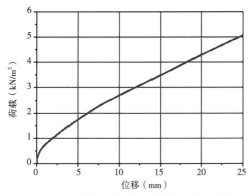

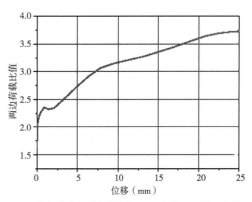

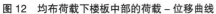

图 12 均布荷载下楼板中部的荷载 – 位移曲线　　　图 13 楼板中点位移与楼板两对边支撑反力关系曲线

　　将楼板的均布荷载和楼板中点的位移的关系曲线绘制于图 12 中，可以发现，在跨中挠度达到 $L/250$（24mm）时，楼板可以承受的荷载达到了 5kN/m²，而上述荷载可以满足大多数使用场景的要求，而此时通过读取正交胶合木楼板的应变云图可以发现，并未有单元进入塑性状态，即楼板尚未达到极限承载力。考虑到模拟的楼板的厚度仅有 105mm，可见正交胶合木楼板具有较好的面外荷载承载能力。

　　将楼板两个对边支撑点的反力比值与楼板中点位移的关系曲线绘制于图 13 中，可以发现，不同位移下，两个对边传递到楼盖的竖向荷载比值均达到了 2 以上，且随着荷载的增大，该比值呈增大趋势，介于 2 ~ 4 之间。出现该现象的原因是由于正交胶合木板并不是均质板，在平行于外层层板顺纹层方向，板材的强度和刚度较大，故分担较大的荷载，而在垂直于外层层板方向的刚度稍差，故分担的荷载较小。所以我们在设计正交胶合木楼板时，充分注意该现象，在楼板的主轴方向设置良好的支撑。

3　木结构设计特点

　　与传统的木结构建筑中所有建筑材料都选用原木明显不同的是，现代大型木结构建筑基本上采用"装配式"方案建设而成，然而这种产品结构的多样性，给基础结构配件的生产带来了很多难题。

　　小型的木结构建筑，从规划到装配成功都需要对建筑材料按照不同的用途进行仔细且严格的分类，那么大型木结构建筑的生产及装配流程必然会更加复杂和烦琐。从美学视角上来审视木结构建筑，其在空间环境内释放出的艺术美感，在其装配过程中的立体感和多样性是砖混结构建筑无法比拟的，然而从建筑学的层面来分析，木结构建筑的制作工艺和材料制作难度均高于砖混结构建筑。比如一个小型的建筑配件，在砖混结构中完全可以采用现代工艺，以混凝土浇筑而成，只需要按照标准尺寸制作就能够达到使用的基本要求，而木结构则完全不同，需要根据木材的尺寸甚至是材质的差异，进行细致的切割之后才能够使其与其他"基准件"相匹配，任何一个环节都可能直接影响木结构建筑的整体质量。

　　考虑到消防及公共安全的相关因素，以木结构为主体的大型体育建筑大多以"地标性建筑"格局呈现出来。一方面，梁柱式建筑的主体构架梁和柱清晰可见。一般来讲，这些地标性建筑除了承担必要的体育赛事之外，还大多被包装成本地旅游观光的一个重点项目，为了能够让游客在参观的过程中清晰地了解到木结构配件的装配，其梁柱式的主体构架梁和柱都完全清晰可见（图 14）。

　　另一方面，变截面异形梁和等截面异形梁完全按照实际需要来设置。为了能够让木结构配件在安装过程中符合工程力学的基准要求，同时也需要适应大型体育场馆特殊体育比赛的空间及场地要求，在木结构体育建筑的建设规划初期，设计师要有针对性地在等截面异形梁的应用基础上，充分地考虑变截面异形梁的使用，这样才能够有效确保木结构配件在不同的高度上所受压力基本保持在一个大致相同的区间范围内。

图 14　体验馆内部效果

4　木材加工安装特点

　　富春湾新城未来城市体验馆作为大型现代木结构建筑，柱通过十字钢插板与地面连接再通过螺栓固定（图 15），柱与梁也是通过钢插板连接螺栓固定。因为木结构建筑为装配式建筑，木柱与木梁都在工厂进行加工，现场安装，所以要求加工精度高，加工精度要求控制在 0.5mm 以内。

　　这么高的加工要求，就必须使用更稳定、精度更高的加工设备。富春湾新城未来城市体验馆是金柏胜公司使用了全球最专业的木结构加工中心 Hundegger 进行加工，保证加工精度在 0.2mm 以内。除了加工中心外我们还使用最先进的软件进行设计，设计之后软件直接与设备对接加工数据，提高精度和效率（图 16）。

图 15　柱通过十字钢插板与基础连接　　　　　图 16　木结构加工中心

结语：

　　由联合国亚洲及太平洋经济社会委员会（ESCAP）（简称联合国亚太经社会）领导，由联合国亚太城市发展研究组织举办，旨在促进和推动亚太地区可持续发展领域建设的"亚太城市可持续发展目标优秀项目库"将"富春湾新城未来城市体验馆项目"列入 2021 年优秀项目库中（图 17）。亚太城市可持续发展目标优秀项目库工作，是通过分享优秀案例及成功经验，共同促进联合国 17 个可持续发展目标的实现。同时组委会感谢本项目为落实 2030 年联合国可持续发展议程所做的贡献，并共同创造世界更加美好的未来。后续富阳区将进一步加深与国际组织的联系，加大对联合国亚太经社会组织的支持，助力构建我国在联合国亚太经社会倡导可持续发展带头人的新形象，扩大富阳在国际上的影响力，提高富阳城市魅力，为年轻人创业提供更好、更广阔的平台。

可持续低碳建筑的内涵就是节约资源、保护环境、健康宜居、实现人与建筑、自然和谐共生。回首过往，中国的绿色建筑行动已取得举世瞩目的成就。展望未来，绿色建筑发展将更加关注生态宜居、安全耐久、健康舒适、生活便利，倡导节约、低碳、环保的生活方式，以增进人民福祉作为根本目的。杭州富春湾新城未来城市体验馆建成后是富阳人朋友圈的新晋"网红"打卡地（图18），本项目作为可持续低碳建筑，不断增强人民的获得感、幸福感、安全感，必将是我们努力奋斗的目标。"志之所趋，无远弗届，穷山距海，不能限也"，未来，我们将继续践行可持续发展的建设理念，与全世界人民一道，共创美好的地球村。

图 17　入选"亚太城市可持续发展目标优秀项目库"

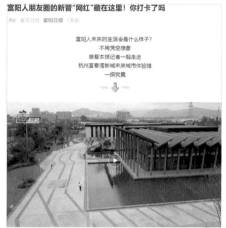

图 18　富阳日报公众号报道截图

参考文献：

[1]　任陆洁，赵心悦，邓硕通，等．轻型木结构建筑墙体隔声性能测试与分析 [J]．木工机床，2020，158（1）：9–12.

[2]　弓萍．大型木结构体育建筑核心空间设计研究 [J]．林产工业．2020，（6）：79–81，84.

[3]　李艳敏．正交胶合木装配式多层木结构体系研究 [D]．哈尔滨：哈尔滨工业大学，2017.

[4]　张晓凤，杨茹元，刘芯彤，等．轻型木结构墙体稳态传热性能及其保温材料影响比较 [J]．林业工程学报，6（2）：77–83.

[5]　木结构设计标准 GB 50005—2017[S]．北京：中国建筑工业出版社，2018.

[6]　建筑设计防火规范 GB 50016—2014（2018 年版）[S]．北京：中国计划出版社，2018.

[7]　胶合木结构技术规范 GB/T 50708—2012[S]．北京：中国建筑工业出版社，2012.

[8]　装配式木结构建筑技术标准 GB/T 51233—2016[S]．北京：中国建筑工业出版社，2017.

[9]　多高层木结构建筑技术标准 GB/T 51226—2017[S]．北京：中国建筑工业出版社，2017.

[10]　佟国红，王铁良，自义奎，等．日光温室墙体传热特性的研究 [J]．农业工程学报，2003，19（3）：186–189.

[11]　贾永英，刘晓燕，戴萍．复合墙体热传递过程的计算与分析 [J]．大庆石油学院学报，2003，27（3）：80–82，97.

图片来源：

图片来源于方案团队设计制作。

3

被动式建筑室内舒适度技术解决方案
——可感知与可量化的绿色建筑

田山明　董小海

摘　要：20 世纪末，一种追求室内舒适度和节能减排的建筑技术诞生，这就是被动式建筑技术。这项伟大的发明以建筑物理为基础理论，以建筑环境为基本要求，改善和提高建筑的热工性能，强调室内环境舒适性与建筑能耗的协调统一，使人们亲身体验和感知到被动式建筑技术带来的健康舒适、绿色节能的高品质建筑。

本文通过介绍在河北新华幕墙被动式办公楼项目解决公共建筑室内舒适度与可再生能源应用协调统一的案例，阐述了被动式建筑技术中新风系统、能源系统及室内环境监测系统从设计到施工、调试、运行全过程的技术解决方案。

关键词：被动式建筑，室内舒适度，辅助冷热源系统，运行及监测

1　简要技术说明及主要技术性能指标

河北省涿州新华幕墙被动式办公楼及公寓楼按被动式建筑设计（四层、钢框架，建筑面积 5600m²），于 2015 年竣工并投入使用。

本项目采用德国达姆施塔特被动式建筑研究所定义的被动式建筑标准，这个标准是一个既保证环保节能又提供最大使用者舒适性与高性价比的建筑规范标准。被动式建筑并不是一个商标品牌，而是一种可以自愿选择并得到了充分证明的建筑设计方案。被动式建筑进行充分的隔热处理，最大限度地减少热桥且要求极低的漏风量。充分利用太阳能，实现内部热源与新风设备的热回收。通过上述技术手段与可再生能源的充分利用确保达到被动式建筑的各项要求（详见表 1、表 2、表 3）及设计参数。

被动式建筑标准由达姆施塔特被动式建筑研究所进行定义，其在中国的规范要求区别主要体现为一个数值——冷负荷指标，在寒冷地区不得超 19kWh/（m²·a）。

达到被动式建筑标准的设计参数	表 1
建筑物外围护结构	$U \leqslant 0.15$ W/（m²·K）
三层玻璃	$U_g \leqslant 0.8$ W/（m²·K），g-Wert（太阳得热系数）> 50%
新风机组	设备热回收率 ≥ 75%

被动式建筑的标准要求 表 2

采暖热需求	≤ 15kWh/（m² · a）
热负荷指标	≤ 10W/m²
气密性	n50 ≤ 0.6
一次能源消耗	≤ 120kWh/（m² · a）

被动式建筑在中国的标准要求（寒冷地区） 表 3

采暖热需求	≤ 15kWh/（m² · a）
热负荷指标	≤ 10W/m²
冷负荷指标	≤ 19kWh/（m² · a）
气密性	n50 ≤ 0.6
一次能源消耗	≤ 120kWh/（m² · a）

2　辅助冷热源

2.1　能源的供给——土壤源热泵系统

新华幕墙被动式办公楼的冷热源均来自土壤源热泵。热泵系统由 35 个土壤源地埋管组成换热器按网格状进行布置。土壤源地埋管换热器的埋深为 70 m（图 1、图 2、图 3）。

这个体系提供了下列优点：

设置土壤源地埋管换热器是充分利用了土地的空间，即在最小的土地面积安装满足使用需求的土壤源地埋管换热器数量；

热转化效果的绝大部分是在土壤层深处完成的，深处的热传递介质在达到地埋管换热器之前基本不受地面温度影响；

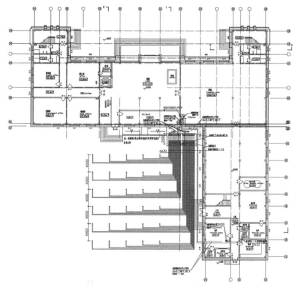

图 1　内院篮球场下的 35 个土壤源地埋管换热器

图 2　土壤源地埋管换热器的集分水器

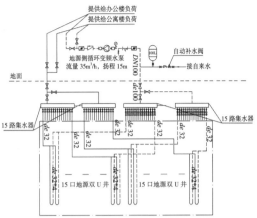

图 3　完工后的带有 35 个地埋管换热器的运动场　　图 4　新华幕墙项目土壤源地埋管换热器系统图节选

较大的管道横截面面积确保了较小的压力损失，与之相适应的是更小的循环水泵功率；通过外部直径的增大得到土壤源地埋换热器更大的热交换面积。

新华幕墙被动式建筑的每台热泵机组都拥有一套独立的循环系统。进而可以实现单台热泵机组的独立控制与根据实际的需求开关热泵机组数量。独立的系统循环实现了控制技术的简化。热泵机组的体积流量保持稳定可以避免单个（台）热泵机组的供给不足或者供给过剩。

系统中设置了串联的缓冲储存器来避免单次的能源需求所导致的热泵机组启动。缓冲储存器是一个液压预选器，将系统的热泵（热泵的热循环）与系统的能源散热器（供暖循环）分离。稳定的质量流与点式温度控制通过供暖循环的脱离来确保，并以此实现热泵运行的优化。

缓冲储存器由热泵完成能源储存以实现热泵较少的开启次数。当缓冲储存器中的预制水温过低或者过高的时候，热泵得到开启指令，来为储存器进行能源补充（图 4）。

2.2　不同土质特点时土壤源地埋管换热器的设置

为确保土壤源地埋管换热器的成功设置，除充分了解区域性地质特征之外，项目所需的热需求也是一个重要的参数。整个设计应该由对设计尺寸经验丰富的地质勘察工程师全程陪同。

土壤源地埋管换热器的尺寸设计必须与项目地区的地热，地质及水利地质的既定条件相适应。通过对所有相关参数的全面综合考虑可以确保设备无障碍正常运行以及避免如在地基处出现的结冰等故障。

新华幕墙并没有对项目地土壤成分进行充分的详细研究。是参照周边同样设置有地源热泵的已有建筑的相关经验，以由地热作为冷热源使用的技术为前提，确定了打桩的必要数量。

图 5 示意了中国与欧洲在进行地热探针打孔作业时方法标准的区别。

地埋管，如同地源设备所有其他的连接，必须保证清洁与密封，以防止氧气进入到系统内。如果不能保证足够的清洁与密封，则系统内的金属制构件将在第一年运行之后出现生锈的情况。这将对系统内的各个组成部分造成损坏，甚至可能引起热泵的故障。设置地源热泵设备的时候必须充分考虑地埋管自身所采用的材质，在连接管及中间部分与水 – 乙二醇混合物及氧气接触时，考虑是否会出现生锈的情况。如生锈的情况是不可避免的，则必须在循环系统内设置铁锈分离器。

基于此原因新华幕墙项目在设备体系中避免腐蚀损坏是十分重要的，如对初始安装时钢管进入机房的主管道进行了更换，确保地埋管体系与其余的集散体系均使用了 PE 材料（聚乙烯）。

图 5 中国（左）与欧洲（右）的地热探针打孔作业

2.3 能源辐射——供暖与制冷辐射板

各个房间内温度的控制是由单独热泵提供冷（热）源，经分别设置于各个房间的金属辐射板向房间内供冷（热）来完成的。在供暖 – 制冷面积与空间之间允许存在较强热流，并由此在水平方向与垂直方向上温度差将至最小值。这种方式下不会产生可感知的冷热气流或弥漫灰尘。供暖模式时较低的运行温度与制冷模式时较高的运行温度的现代化的技术解决方案与可再生能源的运用，使充分发挥其节能潜力成为可能（图 6、图 7）。

图 6 辐射板构件的安装（新华幕墙被动式办公楼）   图 7 投入使用的大办公室的辐射板

对比全空气系统的空气气流所引起的不舒适感受，辐射板显示出大量的优势。通过均匀的温度分配，无感知的室内空气流与极低的噪声大大提高了使用者的室内舒适性（图 8），且解决了室内空间的回声问题。除此之外辐射板拥有更低的运行成本，室内安装空间需求较少，且可灵活安装拆卸，便于室内设计师对屋顶进行充分的设计再进行安装。当然与使用者相关的能源消耗费用也可以由此控制在一个较低的区间内，这是使用辐射板的另外一个优点。

辐射板的能源辐射体系是组合由土壤源热泵提供的清洁能源，在不降低任何使用者舒适性要求的情况下，实现大幅度降低 CO_2 的排放与整体的环境负荷。

此种情况下在供暖设备中运用了一个简单且得到充分证明的管道设置方式叫做同程系统。同程系统管道布局在因膨胀发生变形的设备中有着广泛的运用，而在私人居家中并不常见。在这种系统中，供暖锅炉（或其他产热设备）至散热器（热水储存箱，暖气片）的管道与回流管道采用环形铺设。通过管道

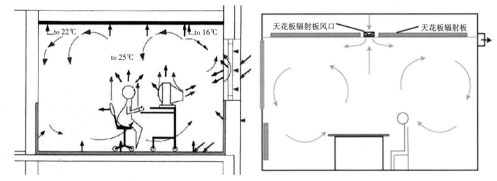

图 8　使用辐射板的舒适性

的环形布置可以确保各个散热器的回流与供给管道长度总和基本一致，这表示没有较大的压力差需要克服，且各处的压力损失总和基本一致。即使没有控制阀，均匀的加热同样可以通过远距离设置的散热器来确保。同程系统管道铺设由于较大的管道数量而存在更高的原材料损耗，即产生更高的原材料及安装成本。

2.4　空调系统控制

各个房间内的温度控制由恒温调节器实现。恒温调节器同时测量湿度和温度，一方面自行调节室内的温度，另一方面在制冷模式下，当空气中的湿度含量过高、有冷凝危险的情况出现时可实现应急自动关闭。

当室内温度调节器发出"供暖 / 制冷"的需求时，仅由转速控制的二次泵自动开启。输送线路由缓冲储存器转出。功率的控制通过 3 向阀门在二次循环（供给循环）实现。在阀门处将供水与回水进行相应混合，确保要求的供水温度送至散热器。必要的流量通过自动控制的阀门实现。

2.4.1　供暖模式下的室内控制

所有的办公室与功能房间均设置了室内温度调节器。这意味着，供暖时超出设定温度，亦是制冷时低于设定温度时能源的供给将自动切断。在地暖集中器处连接了电子驱动装置。采用辐射板的情况时，各个房间均连接了电子运行的区域整流器。

各个房间内的功率控制是通过室内温度调节器、区域整流器及地暖连接处的驱动装置实现的。

在工作时间之外，办公楼的两翼可以实现供暖功率的降低。控制系统的逻辑是，在工作开始之前及时将室内温度调整至需要的预定值。

2.4.2　制冷模式下的室内控制

制冷模式下输送温度的调控取决于外部空气温度与室内的相对湿度。在分流器与区域整流器处设置有露点监测器，在制冷出现露点风险时自动关闭。

为确保制冷设备的完全运行，在新风机组内安装有制冷调节器，可以实现送风的除湿。

洁具系统的控制逻辑是，制冷模式下洁具系统的排水保持关闭，以此避免在此区域内形成冷凝水。

与供暖模式相似，办公楼两翼工作时间之外的制冷功率极小。其控制逻辑是，在工作开始之前及时将室内温度调整至需要的预定值。

3 新风系统

3.1 方案基本信息描述

新风机组是整体能源方案及使用者舒适性的基础。带有热回收功能的新风机组是维持室内环境持续的新鲜空气供给与恒定室温，排出空气中杂物及进行除湿的保障。使用者没有必要使用开窗的方式进行通风。带有热回收功能的新风机组通过回收排风中的热量实现了供暖热需求的降低。在热回收的过程中，大部分的热（冷）量并没有随着排风直接被排出室外，而是在不混合新风空气流的情况下，传递至新风中（见图9）。成熟的设计与施工使使用过程中不再需要开窗通风

图 9　中央新风机组的规则

功能。为避免过于干燥的情况出现，新风机组的尺寸必须正确选择。高效率的过滤器确保了被动式建筑内部高质量的室内空气品质。

新华幕墙被动式办公楼项目中新风机组的功能段连接了两个转轮换热器（图10、图11）。其中一个是显热转轮并对热回收功能进行大幅优化，另外一个是带有焓回收的全热转轮，特别适用于潜热的回收。

这个项目的挑战是室外新风的除湿。而室外新风的除湿是通过多个步骤实现的。首先新风通过全热转轮被动的除湿。在夏季相对湿度较高的情况下，第二步会通过主动的除湿过程。通过由热泵机组控制运行的表冷器冷却新风，直至达到露点温度，空气中的水蒸气析出。送风的温度与湿度含量取决于回风

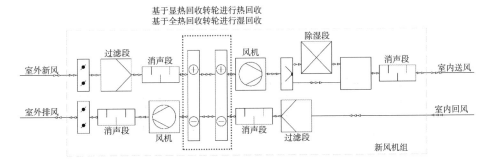

图 10　新风机组示意图

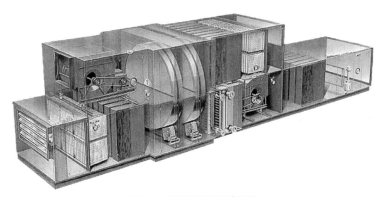

图 11　新风机组视觉效果图

温度与需要的送风温度。以露点温度对送风的最大空气湿度进行了定义。必须明确的是，经过除湿后的送风不需要被重新加热，因为涿州地区的气候与北京地区相同，必要的制冷时间段与除湿时间段通常同时出现。如果运行后期证明有必要设置新风再热器，则在新风机组的内部预留有足够的空间满足这个需求。新风再热器可通过热泵制冷时产生的冷凝热供给热量。所以新风风管与风口的设计必须确保新风机组的噪声不超过25dB。为确保达到这个标准要求必须安装风管消声器。出于卫生学的考虑本项目中没有设计加湿器。

对此系统起决定性意义的基础是：

用湿度传递实现热量传递的可能；

其变频运行的特质适合各不同运行模式的能力；

高体积流下适宜的系统；

较低的压力损失；

全热回收效率达84%；

潜热回收效率达67%。

3.2　新风机组内部的压力关系

在带有转轮换热器的新风设备中，对避免新风与回风混合起决定性意义的是，对单个构件的要求以及送风与排风的压力关系。空气质量与污染在中国一直是很重要的议题，因此在转轮换热器处对压力差进行了重点计算，以确保漏气的空气量（最大3%）保持从新风侧渗入回风侧，而不是从回风侧进入到新风侧（图12）。

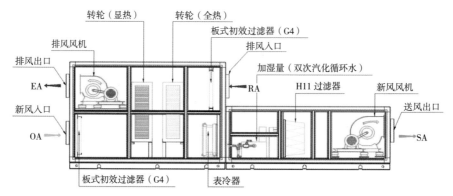

图12　新风设备剖面图

在新华幕墙被动式办公楼项目中，不仅在设计阶段对所有构件的技术参数进行了评估，而且对其各自的位置同样进行充分计算，以确保从新风至排风压力差的正确。如图13中所示，在双转轮换热器的排风侧设置了排风风机（红色区域），在新风机组的送风侧设置了新风风机（蓝色区域）。以期达到新风系统所需要的压力差。

3.2.1　结冻性能

在正常的运行条件下，温暖气候区内的转轮体系由于其设备本身良好的轴向温度传导性与较浅的结构深度不会出现结冰的情况。当室外温度达到−25℃时会有结冰的危险。如果设备需要在这种低温的情况下保持长时间的运行，则可能在转轮能量储薄膜中出现一层结冰。结冰情况会导致空气侧的压力损失大幅提高。当然，虽然实现起来较为困难，但也存在可以确保设备无结冰危险正常运行的各种解决方式（图14）。

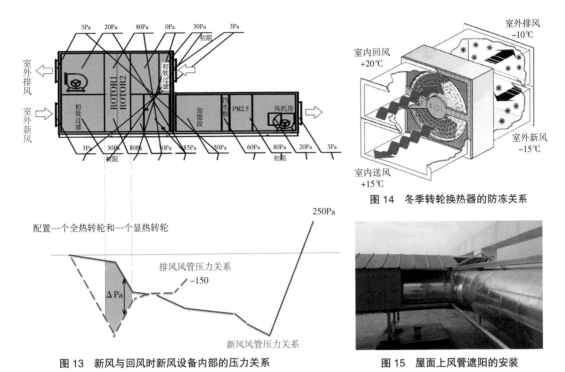

图 13　新风与回风时新风设备内部的压力关系

图 14　冬季转轮换热器的防冻关系

图 15　屋面上风管遮阳的安装

配置一个全热转轮和一个显热转轮

250Pa

排风风管压力关系 −150

新风风管压力关系

由于所在气候区设置了防冻保护控制，新华幕墙被动式建筑项目的新风机组与转轮换热器没有结冰的危险。当达到 −10℃时，转轮将调至较低的转速，换热器的薄膜由温暖的回风进行加热，阻挡新鲜空气的寒冷温度以确保转轮不会出现结冰。

3.2.2　遮阳保护

无论风管中输送的是热空气还是冷空气，通过对风管的保温处理可以大幅降低能量损失，特别是由此避免了送风制冷时在送风管道外表面出现冷凝水。如果不能避免在较热的气候区内屋面上布置风管，则应该特别注意对阳光辐射的保护处理。为避免阳光直射在风管上面，一个被动式的解决措施是进行遮阳保护（图 15）。

3.2.3　压力损失的优化

新风机组的电耗基本上是由输送的风量、设备及管道网络的压力损失与新风机组本身的压力损失决定的。新风机组电耗的优化是通过对空气体积、材料选择、配件及管道使用进行精准设计，同时在机电方案中对重要的回风与送风管道进行早期压力损失计算实现的。

就此而论，以能源角度来看新华幕墙被动式办公楼项目中新风机组设计的审核过程是具有特殊意义的。在进行能源评估之后，对新风机组的布局设计（体积流量、中央机组的内部构件等）以及关键管道的压力损失计算进行了审核。基于能源评估的情况可以与新风设计师在项目初期共同从能源的角度出发，通过将管道长度缩短来实现能耗优化（表 4）。

3.2.4　卫生要求

新风机组中的粗 – 细过滤器在整个施工过程中必须避免风管的污染。否则全年颗粒将由送入室内空间的新风带入建筑物内，影响卫生等级。竣工后对建筑残余与灰尘的清洁几乎不可能实现，或者清洁费用过高。目前我国的项目工地对于卫生保护措施似乎较少，或者说定义不同，然而事实上应该进行明确

新华幕墙项目中对不适宜的风管（通常是太长）进行的压力损失计算　　　　表4

	风量（m³/h）	管道宽度（mm）	管道高度（mm）	管道长度（m）	速度（m/s）	单位摩擦阻力（Pa/m）	摩擦阻力损失（Pa）	局部阻力系数	动态压力（Pa）	局部压力损失（Pa）	总阻力（Pa）
1	9000	1000	800	1	3.125	0.105	0.105	0.19	5.849	1.111	1.216
2	9000	800		2.7	4.974	0.277	0.747	2.73	14.815	40.444	41.191
3	6616	700		14	4.775	0.301	4.219	1.56	13.657	21.306	25.525
4	6616	650	500	2.5	5.655	0.529	1.322	0.95	19.15	18.193	19.515
5	5128	600	500	4	4.748	0.402	1.609	0.3	13.502	4.051	5.66
6	3761	500	400	3	5.224	0.611	1.833	0.3	16.342	4.903	6.736
7	2183	400	320	3	4.737	0.671	2.012	0.3	13.441	4.032	6.044
8	834	400	320	0.5	1.81	0.12	0.06	1.44	1.962	2.825	2.885
9	834	320		18.1	2.881	0.312	5.651	3.13	4.969	15.554	21.205
10	582	280		1.8	2.626	0.312	0.561	1.6	4.128	6.605	7.166
11	466	250		2.5	2.637	0.361	0.902	1.6	4.165	6.664	7.566
12	350	220		2.3	2.558	0.4	0.92	1.6	3.918	6.268	7.188
13	234	180		2.7	2.554	0.511	1.38	0.12	3.908	0.469	1.849
合计				58.1							153.746

精准的定义。通过多次的现场巡视与施工培训来强调风管防尘的重要性，以确保整个建筑过程中风管的质量（图16）。

图16　施工过程中对风管加盖遮挡以防灰保护

3.3　控制

新风机组的供暖/制冷调节和控制器是由温度传感器发出需求，由热泵机组完成供给的。制冷模式下一直保持除湿，换言之，制冷调节和控制器一直保证对送风进行除湿。输出功率的大小是由热泵机组进行调控的。

新风机组通常不会设置固定的新风再热器，而是在新风机组的内部预留有足够的空间满足这个需求。如果没有设置新风再热器，则制冷模式时送风温度极低，由此可能出现通风现象。这种情况下必须设置涡旋风口。经验显示，当由于缺乏新风再热器导致的室内舒适性环境条件下降时，采用由热泵机组运行的再热器作为后备，其是由新风控制器完成调控的。

冬天送风温度很容易达到20℃（更好的室内调控性）。供暖模式的调控是受室外空气温度影响的。

新华幕墙被动式办公楼的两翼在非工作时间段调整至维持舒适性所需要的最低值。新风机组内通过转速控制的风机完成新风量的改变。与使用者进行协商确定后再对新风机组的实际运行时间进行编程。

对新风供给区域划分的控制是由体积流量调节控制器实现的。新风－流量调节器通过一个感应器对风扇毂的新风空气流进行控制，控制设备按照流量调节器设置的风量进行供给。当与设定空气量数值出现偏差的时候将在电子数控板上出现持续的调整信号，调整风机的功率。空气体积量调节器的设定数值由空气流量额定值的和得出。在超过及低于预设的极限值时会出现错误报警。

4 监测系统

新华幕墙被动式办公楼项目的目标是用测量的实际数据来证明达到被动式建筑的标准。如图 17、图 18 所示，建筑物内设置了监测整个项目所有能耗点的监测系统。

监测方案由室内温度、湿度的测量和建筑物实际的能源消耗的测量共同组成。所有提取的数据不仅仅是存档记录，还可以随时远程读取并在终端数据显示器进行展示。达姆施塔特被动式建筑研究所将完成整套监测系统的计算取值及绘制图示。且被动式建筑研究所计划通过热数据模拟对监测到的数据进行对比。模拟数据将根据涿州的实际气候数据校核之前的气候数据库。被动式建筑研究所同时计划通过热能关系的分析研究在中国不同气候区如何更合理地设置带有热回收功能的新风机组，并制定出符合不同气候区热回收的必要标准要求。

一个 M-BUS 集中器实现了数据线的汇总，进而避免了对各个监测点（电表、冷热量表与温湿度感应器）的高维护费用。例如在入口大门总电表直接连接了监测系统的 M-BUS 电表。由于 M-BUS

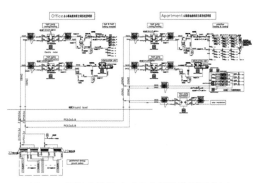

图 17 新华幕墙被动式办公楼的监测示意图
（红色为热量表，蓝色为电表）

图 18 屋面的监测系统的摄像头

电表的最大电流是 100A，而总电表可以承受 200A 的电流，即此测量点的电表可能在短时间内出现损坏。解决此类问题的方式是，电表不直接进行连接，而是通过电磁换流器分流高电流。同时连接换流器的 M-BUS 电表必须进行正确的设置，否则所有得到的数据不能正确读取。

当监测系统超过一半以上的表具正常运行之后，整体数据自动送至欧洲，由此可以对例如舒适性等进行评估。下文进行较详细的说明。

根据 ANSI/ASHRAE 标准 55—2013 "适宜人类居住的热环境条件" 的定义，热舒适性是人对周围热环境所做的主观满意度评价。该指标综合考虑了人体活动程度、衣服热阻（衣着情况）、空气温度、空气湿度、平均辐射温度、空气流动速度等 6 个因素。

图 19 为截取了监测数据中以空气湿度与室内环境温度为基础，对热舒适性作出的评估图示，数据取自 2015 年 10 月最后一周办公楼的大部分房间（图 19）。

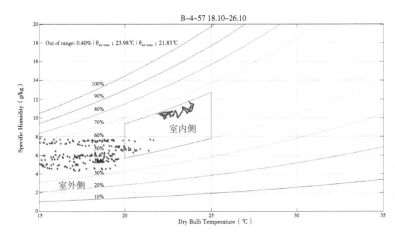

图 19
2015 年 10 月的监测数据，室外环境与建筑物舒适性的对比（蓝色数据是室外数值，红色数据是内部环境）

舒适性的定义与德国标准 DIN 1946 II 的定义相符合。

必须强调的是冬季的舒适性区域有下述波动：20℃ < 空气 <25℃与 40%< 相对湿度 <65%。

在监测时间段内（2015 年 10 月 16 日～ 10 月 26 日），测试数据偏离此区间的频率为 0.4%。

结语：

新华幕墙被动式办公楼项目从 2015 年开始运营至今已 6 年，期间确保了建筑物内部适宜的温度（冬季 ≥ 23℃，夏季 ≤ 25℃），湿度（相对湿度 ≤ 65℃）与新鲜空气（含 PM2.5 数值），实现了使用者最佳舒适性。

此外，为了测量建筑物的运行与舒适性，在室内多处设置了 53 个温度与湿度感应器，在带有热回收功能的新风机组的四个管道中同样设置了温湿度感应器，以确定热回收功能的效率，同时设置了 13 个热能与冷能能量表及 35 个电表，这些电表均连入测量网络，监测系统是建筑整体质量保证的一个重要构成部分。

参考文献：

[1] ANSI/ASHRAE.Thermal Environmental Conditions for Human Occupancy. Standard 55—2013[S]. 2013.

[2] APEC. Building Codes，Regulations，and Standards[Z]. Minimum，Mandatory and Green，APEC Project M CTI 02/2012A SCSC，2014.

[3] Caverion Deutschland GmbH. Krantz Komponenten——Kühldecken Systembeschreibung[EB/OL].[2015-10-29]. http: //www.krantz.de/de/Komponenten/K%C3%BChl-und-Heizsysteme/Documents/D2.1.2_Kuehldecken-Systembeschreibung.pdf.

[4] Climate-Data. Klima Zhuozhou[EB/OL]. [2015-7-17]. http: //de.climate-data.org/location/2692/.

[5] Dübel. Projektierung einer Heizungsanlage[Z]. Ingenieursarbeit. Fachschule für Bauwesen Leibzig，1994.

[6] Erdsondenoptimierung. Optimierung von Erdwärmesonden[EB/OL].[2015-10-28]. http: //www.erdsondenoptimierung.ch/index.php?id=269463.

[7] EU SME Centre. The Construction Sector in China[R]. Beijing，2013.

[8] Evans M，Shui B，Halverson M A，Delgado A. Enforcing Building Energy Codes in China：Progress and Comparative Lessons[R]. Prepared for the U.S. Department of Energy under Contract DE-AC05-76RL01830，Pacific Northwest National Laboratory Richland，Washington.2010.

[9] Greenfield Energy. Subsurface Technologies[EB/OL]. [2015-06-01]. http: //geoscart.com/subsurface/bhe-network-design/advantages-coaxial-bhes/.

[10] Humpal H. Theoretische Untersuchungen zur thermischen Bauteilaktivierung[Z]. Diplomarbeit für die Fachhochschule für Technik und Wirtschaft，Berlin，2001.

[11] Jing S. Impact of relative humidity on thermal comfort in warm environment[D]. Chongqing：Chongqing University，2013.

[12] LAWA. Empfehlungen der LAWA für wasserwirtschaftliche Anforderungen an Erdwärmesonden und Erdwärmekollektoren[Z]. Sächsisches Staatsministerium für Umwelt und Landwirtschaft，2011.

[13] Li B，Yao R，Wang Q，Pan Y，Yu W. The Chinese evaluation standard for the indoor thermal

environment in free-running buildings[C]. Proceedings of 7th Windsor Conference: The Changing Context of Comfort in an Unpredictable World Cumberland Lodge. Network for Comfort and Energy Use in Buildings.London，2012.

[14] Passivhaus Institut. Kriterien fürden Passivhaus-, EnerPHit- und PHI-Energiesparhaus-Standard, Version 9b[EB/OL]. [2015-06-03]. http://passiv.de/downloads/03_zertifizierung skriterien_gebaeude_de.pdf.

[15] Shui B，Evans M，Lin B，Song B. Country Report on Building Energy Codes in China[R]. United States Department of Energy under Contract DE-AC05-76RL01830，2009.

[16] The World Bank. China: Opportunities to Improve Energy Efficiency in Buildings[R]. Asia Alternative Energy Programme and Energy & Mining Unit East Asia and Pacific Region，2001.

[17] Wu B，Wang L. Energy and exergy analysis on China's natural gas urban district heating systems for replacing coal: a case study of Beijing[EB/OL]. [2013-05-13]. Zertifiziertes Passivhaus. Zertifizierungskriterien für Passivhäuser mit Wohnnutzung. http: //www.passiv.de/downloads/03_ zertifizierungskriterien_wohngebaeude_de.pdf.

4

◇ 夏热冬冷地区自采暖市场机制研究

周　俊　邢艳艳　梁利霞　钱　杰

摘　要：夏热冬冷地区的居民冬季采暖能耗虽然目前较低，但随着我国经济社会的发展和人民生活水平的提高，人们原先的生存需求将逐步向发展需求甚至享受需求进行转变，夏热冬冷地区居住建筑能耗将持续上升。且现阶段该地区居民自采暖存在采暖条件差、设施覆盖率低、法律法规模糊、市场机制缺失等方面的问题，长期无序发展，在一定程度上将造成能源浪费、社会公平失衡、人民获得感低。本文将政策、市场、技术三位一体有机结合，开展夏热冬冷地区冬季采暖的研究，为切实保障规范该地区冬季清洁采暖，提升居住品质奠定基础。

关键词：夏热冬冷地区，自采暖，准入机制

1　引言

根据《民用建筑热工设计规范》GB 50176—2016 中关于我国地区气候分区的相关规定，夏热冬冷地区指累年日平均温度稳定低于或等于5℃的日数为60~89天，以及累年日平均温度稳定低于或等于5℃的日数不足 60 天，但累年日平均温度稳定低于或等于8℃的日数大于或等于 75 天。其气候特征是夏季酷热，冬季湿冷，空气湿度较大，当室外温度低于 5℃时，如没有供暖设施，室内温度低、舒适度非常差。现阶段我国夏热冬冷地区居民冬季采暖能耗要远低于世界上相近气候条件国家的能耗，仅为日本的 1/5，美国的 1/14，希腊的 1/16。

近年，随着我国经济社会的发展和人民生活水平的提高，这些地区的建筑也逐步设置供暖设施，供暖方式主要以分散供暖为主。随着经济社会发展水平的不断提高，人们原先的生存需求将逐步向发展需求甚至享受需求进行转变，夏热冬冷地区居住建筑能耗将持续上升。在 2001 ~ 2015 年期间夏热冬冷地区居住建筑采暖能耗快速增长，从不到 200 万 tce 增长为 1652 万 tce，增加了 7 倍以上，2015 年该地区平均采暖一次能耗强度约 1.84kgce/m²，折算到户约为 148kgce/（户·年），居住建筑采暖占建筑总能耗的比例约 18%，虽然目前该部分能耗基数小，占城镇住宅建筑总能耗（不含北方供暖）的比例不足 10%，但其增长速度是城镇用能总能耗中增长最快的分项，平均年增长速率超过 50% 。而目前的低能耗强度状态主要源于该地区居民间歇用能模式或者不用能，室内舒适度水平非常低。

夏热冬冷地区冬季采暖既有现实需求又有广泛的必要性，并且发展方向明确，不提倡建设大规模集中供暖热源和市政热力管网设施集中供暖，提倡因地制宜采用分散、局部的供暖方式。然而，现阶段该

地区居民自采暖存在诸如采暖条件差、设施覆盖率低、法律法规模糊、市场机制缺失、产品技术市场准入制度不健全、建筑节能不积极等方面的问题，长期无序发展在一定程度上将造成能源浪费、社会公平失衡、人民获得感低等国家社会问题，同时，提升夏热冬冷地区冬季居住品质也是我国建设高水平小康社会的内在要求，因此文本将政策、市场、技术三位一体有机结合，开展夏热冬冷地区冬季采暖的研究，为切实保障规范该地区冬季清洁采暖，提升居住品质奠定基础。

2 夏热冬冷地区自采暖现状调研

本次调研主要采用现场填写问卷的形式开展，具体调研内容包括：居住建筑本身的基本情况、居民冬季的采暖习惯、采暖舒适度感觉、采暖设施情况以及改善愿望和预期共五个模块。为保证调研结果的客观性、全面性、真实性和准确性，调研工作严格遵循以下几项原则：

1）调研问卷的设计上，以项目目标需求为导向，采用单项选择和多项选择相结合的形式，内容次序上按照由易到难，由简到繁的原则排列。

2）考虑到城镇和农村地区采暖条件和需求的不同，在统一问卷内容的前提下，对于具体采暖方式在设计上应重点体现。

3）调研对象覆盖夏热冬冷地区典型区域，具体调研目的地的选取以长江流域为主要参考线，根据气候特点和社会经济水平分析确定，考虑城镇、农村，省会城市、三四线城市等多层级差异。

4）调研委托单位以当地高等院校为主，采取面对面发放和回收问卷的方式。

在综合考虑上述因素的条件下，紧紧围绕实际需求、成本预期和满意度三方面进行具体选项的设置和划分，其中，"您家的采暖方式"这个栏目是整个问卷的核心内容之一，在总体设计上力求全面重点、精炼易懂，最终采用二级分类的方式，一级分类主要考虑能源种类的初步识别，二级分类再进一步明确具体应用类别，同时，选项设定和文字表述上进行反复的斟酌和详细推敲，最终按照"16+1"的形式选定本次调研的采暖模式，其中16种给定类型和1种开放类型。在问卷设计完成后的第一阶段，项目组首先在不同行业、不同年龄、不同地区开展局部范围发放和测试，根据反馈问题重新调整修正。最终以重庆、衡阳、武汉、宣城、合肥、南昌、杭州等为目的地，开展了为期一个月的大样本调研工作。

本次调研，将建筑年代划分为20世纪90年代以前，20世纪90年代～2005年以及2005年以后三个阶段，主要基于我国建筑节能设计标准的发展阶段考虑，不同阶段对应不同建筑能耗水平，而建筑节能标准实施情况，尤其是围护结构保温设计水平对室内环境及采暖效果具有重要的影响意义。根据调研样本建筑年代分布情况，2005年之前的既有建筑仍然占有较大的比例，达到30.68%，该部分建筑一般来说围护结构保温较差，气密性水平低，在实施建筑采暖之前，必须首先进行围护结构节能改造，以避免不必要的能源浪费。对农村地区自建房调研样本进行统计，所建年代分布整体上也是2005年后的新建建筑居多。

由图1可以看出，随着年代的推进，我国居住建筑有逐步向大户型发展的显著趋势，从20世纪90年代到2005年再直至今日，90m² 以下小户型逐级递减的现象明显，而

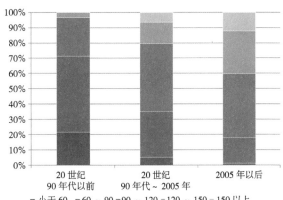

图1 不同年代建筑户型分布情况

90 ~ 120m² 这类户型逐渐增多,从人均住房面积的角度体现了人们生活水平的不断提高。20 世纪 90 年代以后,特别是 2005 年以后,150m² 这种大户型也越来越受到市场的青睐。

在夏热冬冷地区,人们无论是在过渡季节还是冬、夏两季普遍有开窗加强房间通风的习惯。一是自然通风改善了室内空气品质;二是夏季在两个连晴高温期间的阴雨降温过程或降雨后连晴高温开始升温过程的夜间,室外气候凉爽宜人,加强房间通风能带走室内余热和积蓄冷量,可以减少空调运行时的能耗。因此需要较大的开窗面积。此外,南窗大有利于冬季日照,可以通过窗口直接获得太阳辐射热。

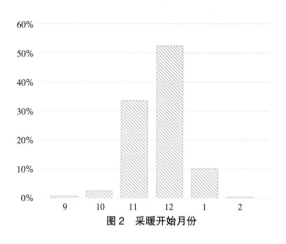

图 2　采暖开始月份

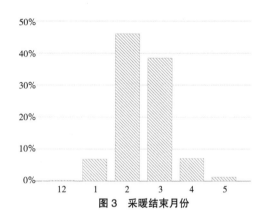

图 3　采暖结束月份

由图 2、图 3 可看出,居民自采暖开始月份多集中在 11 月份、12 月份,在第二年的 2 月份、3 月份结束采暖,基本符合南方地区气候冷热变化的区段,一般夏热冬冷地区 11 月份逐渐降温进入冬季,断断续续会出现低温高湿天气,12 月份是持续的湿冷天气,室内环境条件越来越差,因此超过 50% 的群体会开启采暖设施,以便获得一个较为满意的舒适温度。2 月份、3 月份南方开始回暖,采暖设施也逐步停用,其时间周期和上面的采暖时长相互一致。

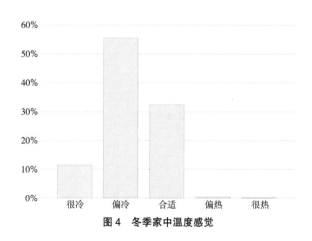

图 4　冬季家中温度感觉

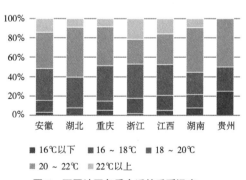

图 5　不同地区冬季合适的采暖温度

图 4 表明,整体来看,南方地区居民对冬季室内环境满意度非常低,感觉冬季偏冷的群体占了大多数,比例高达 55.6%,还有 11.4% 的住户感觉很冷,仅仅有 1/3 的住户感到冬季家中温度合适,而感觉冬季室温偏热和很热的住户更是"凤毛麟角"。因此,调研数据客观真实地呈现了夏热冬冷地区居住建筑冬季的室内环境,并且表达了偏冷的整体知觉,从侧面体现了该地区居民追求适宜室内温度的内在需求。

而由图 5 可知,各省市地区间地理位置、生活习惯、经济水平等方面的差异,并未影响到居民对于冬季室内居住环境的品质需求,调研省、市居民普遍都希望采暖温度能达到 18℃以上,相较于未采暖时的室内温度有大幅度的提升，更有安徽、湖北、湖南、重庆等地希望能达到 20℃以上的居民占比增大，反映了虽然调研居民存在众多的个体特征，但是对于高品质冬季室内热环境需求上却存在绝对的一致性。

3　夏热冬冷地区自采暖政策的初步建议

北方地区经过近二十多年的不断摸索和研究，初步形成了适合中国国情和特点的采暖政策和制度，对于夏热冬冷地区冬季采暖政策支撑体系的建立，具有直接的指导意义。同时根据区域特点结合现有的发展基础，进一步完善和发展，形成符合中国能源发展总体要求和适合夏热冬冷地区特色的冬季采暖政策支撑体系。

3.1　自采暖路线国家立法

建立健全夏热冬冷地区冬季采暖政策依据，以营造高品质室内环境服务系统和切实提高夏热冬冷地区人民生活幸福获得感为主要目标，建议打破夏热冬冷地区采暖限制，确立夏热冬冷地区冬季自采暖相关法律法规依据。现有冬季采暖分界线南下，或者划定自采暖区域分界线，支持夏热冬冷地区居住建筑以"部分时段、部分空间"为特征的自采暖形式，把夏热冬冷地区以分散采暖为主的冬季采暖形式纳入国家能源发展规划，为该地区冬季采暖的有序化、健康化、高效化发展提供政策基础，同时也为该地区采暖市场和产业链的进一步发展明确方向。

3.2　自采暖惠民支持政策

1. 围护结构节能改造奖励政策。严格执行建筑节能先行的采暖保障制度，对于新建建筑，继续加强节能评估、能效测评等监督审查力度，保证高标准、严要求落实现行技术规范要求。对于既有建筑，确立"保供协同，改造先行"的指导方针，围护结构保温改造和自采暖改造统一规划、协同设计，提高建筑保温性能和气密性能，以降低建筑自身综合能耗为出发点，采用合理的技术和措施，为改善居民生活水平和提高建筑服务系统满意度提供坚实的基础。进一步，在围护结构改造满足建筑节能相关要求的前提下，实施采暖设施改造，利用分散的、可调节的、高效的采暖系统创建节约型居住建筑。

2. 政府适度补贴引导政策。建议南方地区把提高夏热冬冷地区冬季居室舒适度水平，作为政府惠民工程的重要内容之一，坚持公平合理、适度补贴、分类施策为基本原则。在充分的市场竞争机制未形成之前，通过财政性资金的有效引导，以促进夏热冬冷地区冬季采暖市场的规范化和有序化发展。

具体补贴方案建议：

1）按照家庭（户）为受众单元进行采暖补贴；

2）补贴额度重点考虑当地经济发展水平和气候条件两个因素，建议采用人均可支配收入表征地区经济发展水平差异，采用以 18℃为基准的采暖度日数表征气候差异。

3.3　各地具体推动政策

为了稳步推进自采暖市场化运作配套支撑政策建设，建议各地区根据实际情况进一步发挥阶梯电价政策在节约能源和用能公平方面的引导作用，充分考虑空调采暖能耗强度，采取按季节划分电量和电价分档的方式，季节时段设计上合理匹配空调和采暖时间段，体现空调和采暖能耗消费增量需求。同时，因地制宜设计加大基础用电档电量、扩大低谷电时长等方式实现社会资源的优化配置和加强用能行为的有利引导。对于天然气采暖方式可以类同参考。综合考虑当地社会经济发展水平、居民可承受能力以及能源合理成本，单独制定或调整自采暖居民电价、气价及相应的阶梯政策，保障合理的投资收益，进一步激活社会资本活力，为自采暖市场的形成和发展奠定基础。

3.4 落实设计标准和规范

构建完善夏热冬冷地区冬季自采暖的标准和规范，消化吸收北方供暖经验，深入贯彻用热商品化的观念，热量和水、电、天然气一样具有商品的共同属性，以供方和需方直接交易为主要形式。具体内容包括：

1. 热计量分表分户计量原则。新建住宅设置热计量分表分户计量，坚持建筑采暖能源消耗量单独计量的原则，建议延续北方供暖计量的理念，采取按户为核算单元的分表分户计量收费方法落实采暖费用管理机制，通过具体的规范标准完善进一步实施要求。

2. 清洁能源利用原则。对于夏热冬冷地区自采暖用户，根据实际情况充分考虑资源可获得性和技术经济性，按照"宜气则气，宜电则电"的原则，以电力、天然气等清洁能源利用要求为前提，明确入户热源类别。

3. 自采暖设计标准体系。明确建筑自采暖全过程设计规范，包括：自采暖设计起始时间；考虑预热时间、蓄热条件、室温波动特性、开窗通风等修正因素前提下的分散式间歇供暖系统负荷计算方法；间歇供暖设备容量选择原则；分散式末端调节控制方式等。对于新建居住建筑设计，要考虑热泵室外机和燃气壁挂炉安装位置；预留采暖配电容量和三相电、燃气管网容量；结合住宅工业化要求，将室内管线预留在墙体中；结合住宅全装修标准，增加室内辐射末端。对于新建保障性住房将分体空调纳入住宅设施设计范围。鼓励可再生能源居住建筑供暖应用。建立针对夏热冬冷地区既有居住建筑节能改造的技术指南、改造测评及改造效果评估等技术标准体系。

3.5 采暖能耗限额政策

近年来，国内各大科研院所对夏热冬冷地区特别是长江流域冬季采暖能耗情况做了长期广泛深入的实地调研，其中，湖南大学对重庆和长沙地区冬季采暖能耗调研结果表明，每户的能源消耗量约 2987 ~ 3437MJ，折合为 5.3 ~ 6.5kWh/m²，清华大学、上海建筑科学研究院、重庆大学等机构也都曾在长江流域做过采暖能耗的调研。结果同样表明，长江流域城镇住宅采暖年平均单位面积电量约为 5 ~ 6kWh/m²，远小于北方约 80kWh/m² 的采暖能耗，也小于气候相近的法国中南部地区 20 ~ 60kWh/m² 的年采暖耗电量。项目组在结合上述研究成果的基础上，采用 Energy-Plus 及第三方界面程序 Design Builder 进行能耗模拟计算，以杭州为夏热冬冷地区典型城市代表，进一步开展冬季采暖建筑能耗限额分析研究。

目标建筑为套内面积 100m² 的居住建筑，户型选择上按照最不利工况原则选择中间层的中间套作为模拟对象，建筑平面布置如图 6 所示。

在围护结构热工性能的具体设定上，严格按照《夏热冬冷地区居住建筑节能设计标准》JGJ 134—2010 确定外墙、外窗、内墙、楼板、外门等的传热系数 K 值以及窗墙比，根据现行规范设定供暖季时间为 12 月 1 日 ~ 次年 2 月 28 日，通风换气次数按 1 次 /h 考虑，室内采暖设计温度为标准工况 18℃。

模拟结果表明，在设定条件下，目标建筑采暖季的年总负荷为 7041.92kWh，热负荷指标为 70kWh/（m²·a）。

相同条件下，按照《严寒和寒冷地区居住建筑节能设计标准》JGJ 26—2018 进行参数设置，分别以哈尔滨和北京地区为严寒地区和寒冷地区的代表城市。对照模拟结果表明，目标建筑采暖季年总负荷为北京地区建筑采暖季年总负荷的 1.12 倍，为哈尔滨地区建筑采暖季年总负荷的 55.91%。

图6　模拟户型建筑平面图

在此基础上结合采暖系统形式和采暖模式设定进行采暖能源消耗量的研究分析，系统综合能效按照1.9计算，具体情景设定分为持续全部采暖和间歇局部采暖两种类型：

1）全空间、全时间模式。采暖设施24小时开启，采暖区域包括客厅、卧室、书房。

2）部分空间、部分时间模式。采暖设施定时开启，同时按照人在供暖、人走暖停的原则设计应用情形。

模拟结果表明，采用空气源热泵系统，全空间、全时间采暖模式下，系统的采暖季的年运行能耗为4820.11kWh，系统2160小时能耗如图7所示。

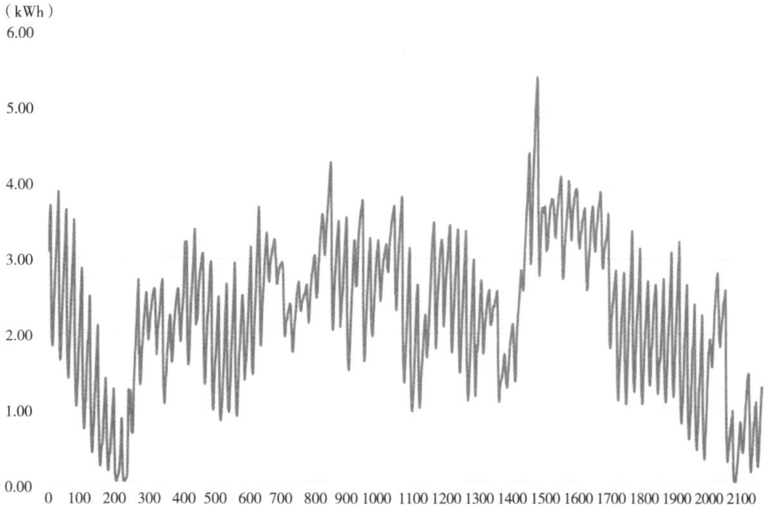

图7　采暖季建筑全空间、全时间能耗曲线

与全空间、全时间采暖模式相比，部分空间、部分时间采暖模式下，系统采暖季的年运行能耗降幅高达74%，仅为1271.36kWh，采暖能耗强度为12.72kWh/（m²·a），系统逐时能耗如图8所示。

图8　采暖季建筑部分空间、部分时间能耗曲线

进一步分析目前夏热冬冷地区各省市执行的居住建筑节能设计标准，其相关的采暖设计参数均在现行国家标准的基础上，根据地区技术经济发展水平，对相应参数进行了优化和调整，特别是对于家用空气源热泵空调器的供暖额定能效比限值进行了较大幅度的提升，比如，夏热冬冷地区典型省、市浙江省规定能效比为 3.0、重庆市 2.8、上海市 2.3、江苏省 2.5，与国标规定的采暖、空调设备为家用空气源热泵空调器，采暖时额定能效比应取 1.9 相比，单单设备性能这一项就提高了 20% ~ 60%，同时各省、市根据实际气候条件对采暖时长也做了个性化规定，比如，《浙江省居住建筑节能设计标准》DB 33/1015—2015明确浙北地区供暖计算期为 12 月 15 日 ~ 次年 2 月 15 日（共计 60 天），与国标规定 12 月 1 日 ~ 次年 2月 28 日（共计 90 天）相比，供暖时长上也有较大的缩短。因此综合考虑设备性能提升和采暖周期的调整，在上述"部分空间、部分时间"采暖策略的基础上采暖能耗强度可进一步降低 30% ~ 40%，也就是说，在保证健康舒适的室内高品质环境前提下，考虑目标建筑的采暖能耗限额值为 8kWh/（$m^2 \cdot a$）是合理的。

全国供电煤耗按照 303g/kWh（2017 年数据）计算，折合目标建筑的采暖能耗强度为 2.42kgce/ m^2。根据前述对照模拟结果，对于目标建筑来说，由于采用了"部分空间、部分时间"的间歇局部供暖方式，其实际采暖能耗强度仅仅为北方集中采暖能耗强度的 17%。在一定条件下，此种模式如果能够科学合理地引导推广，按照夏热冬冷地区城镇住宅总面积 95 亿 m^2（2015 年统计数据）进行测算，则夏热冬冷地区冬季自采暖年总耗电量为 760 亿 kWh，大约 0.23 亿 t 标准煤，占我国城镇住宅建筑总能耗的比重约为 10%，碳排放约 0.61 亿 t。

综上所述，对于夏热冬冷地区冬季自采暖来说，采用技术成熟、能效先进的采暖系统和设备营造舒适的建筑室内环境，采暖能耗限额值为 8kWh/（$m^2 \cdot a$），同时，其能耗增量总体可控，增量指标可结合城市中工业、交通等高耗能产业的节能减排进行统筹，将这些浪费的能源转移给建筑供暖。

4 夏热冬冷地区采暖市场准入机制可行性研究

通过对我国北方地区和国外部分国家采暖市场体制变化的调研，参考国家对北方地区清洁供暖市场体制建立所提出的新思路，项目组对夏热冬冷地区供暖市场准入机制实施的可行性进行研究，研究的重点在以下几个方面：

1. 研究建立夏热冬冷地区供暖市场准入体系相关法律法规。市场经济体制是法制经济，实施供暖特许经营必须有一个健全的法律法规环境，运用法律手段对有关各方的权利义务作出明确的要求和规定。

2. 研究建立供暖计量价格机制。供暖行业市场化的最终目标就是实现用热商品化、货币化。供暖计量是实现供暖商品化的重要途径，采用按热计量收费，体现出来商品数量和质量上的价值差异，促进行为节能和节约能源。

3. 研究与定价机制相适应的补贴机制。

4. 研究市场准入机制与退出机制，坚持政府监管、企业主导，坚持政府、市场与社会相统一。政府主管部门要想当好市场"裁判"，维持好"赛场"秩序，就必须建立起有效的政府监管体系。监管体系必须拥有科学的运作机制，必须拥有有效的监管手段。

5. 供暖计量的合同能源管理模式研究。合同能源管理是运用市场手段来促进节能的服务机制，其本质就是用节约的能源效益，实现购买节能设备、建设项目和运行管理。合同能源管理模式是在市场规律下出现的新的合同机制，不仅给合作双方带来了经济效益和社会效益，还能为供暖体制改革提供一种新思路，也是政府市场激励机制中对供暖企业的正面引导。这种机制可以促使供暖企业大大降低对资金和技术风险方面的顾虑，主动实施节能改造，降低生产成本。合同能源管理还可有效利用市场机制，保障供暖计量工程施工质量和设备长期可靠运行，同时降低了供暖能耗，减少了节能改造的资金和技术风险，保障供暖计量可持续发展。

5 夏热冬冷地区自采暖适宜性技术研究

5.1 围护结构保温改造先行

夏热冬冷地区民用建筑从 2000 年开始执行居住建筑热环境及节能标准。因此，该地区居住建筑存在大量 20 世纪八九十年代建造的既有建筑，一般来说普遍有外墙无保温、大部分采用单层玻璃、门窗气密性较差、渗风量比较大等问题，很显然，这是导致该地区冬季室内温度极低的首要原因，进而采暖效果大打折扣，造成能源的无效浪费。对于夏热冬冷地区大量既有建筑来说，围护结构保温改造是开展居住建筑自采暖的先决条件，同时也是降低建筑能耗的重要保障。

在对围护结构的改造中应优先采用"超低能耗建筑技术"，适应气候特征和自然条件，因地制宜，充分利用自然资源，通过被动式技术手段，最大幅度降低建筑供暖供冷需求，对于夏热冬冷地区来说，就是要重视提高建筑气密性和改善保温性能。具体改造措施包括以下几方面。

5.1.1 墙体

通过测算，外墙约占整个建筑物外围护结构总面积的 66% 左右，住宅通过外墙的传热量约占建筑物总耗热量的 30%~40%，所占比例较大，由此可见，加强外墙的保温对于降低建筑能耗很重要。既有居住建筑中外墙保温主要有两种，外墙内保温和外墙外保温。

1）外墙内保温改造。主要是通过使用岩棉、聚苯板或者保温膏料等保温材料，直接贴在外墙的内表面，然后再使用纸面石膏板等材料来做装饰面层，甚至还可以把二者复合支撑再一并使用。外墙内保温作业具有施工简便易行且不受气候干扰的优势，但这种方式对建筑内部的隔墙、抗震柱等周边保温无法顾及，会形成"热桥"损耗热量，同时还会占据一定的建筑使用空间，并会影响到房屋的再次装修。

2）外墙外保温改造。通常是在建筑围护外墙上粘贴或固定保温板、用保温聚合物的相应材料装饰墙面等。外墙的外保温是国内相对成熟的保温方法，具有保护外墙面、延长墙体的建筑寿命等优势，还能避免形成"热桥"，且基本不会影响建筑内部的使用空间，但是外墙外保温涉及建筑和施工安全的问题，在实际改造中要谨慎选用。

5.1.2 屋面

屋面作为一种建筑物外围护结构所造成的室内外温差传热耗热量，大于任何一面外墙或地面的耗热量。加强屋面保温节能对建筑造价影响不大，节能效益却很明显。目前屋面保温改造常见的做法包括：

1）原有屋面增加保温隔热层。在结构层中加设具有保温效果的隔热层，在既有的平屋面改造中，需结合防水要求，使其起到节能的要求。

2）倒置式屋面。对于屋面基本完好的建筑，在荷载计算满足安全性评估要求的基础上，可根据实际情况采用倒置式屋面节能改造技术措施，在防水层的上面铺设憎水性保温材料，再在最顶层铺设卵石层面。

3）"平改坡"改造。在地基以及建筑结构安全允许的情况下，把既有建筑的平屋顶改造成坡屋顶，再加设保温，既有利于建筑保温，还能改善屋顶的排水功效。目前，"平改坡"工程在上海、杭州等地区得到了大力推广，并起到了良好的节能效果（图 9）。

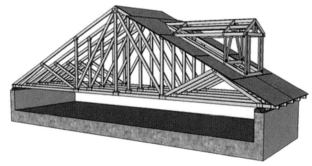

图 9 "平改坡"改造示意

5.1.3 外窗

门窗是围护结构保温的薄弱环节，从对建筑能耗组成的分析中，可以发现通过房屋外窗所损失的能量是十分严重的，也是影响建筑热环境和造成能耗过高的主要原因。传统建筑中，通过窗的传热量占建筑总能耗 20% 以上；节能建筑中，墙体采用保温材料热阻增大以后，窗的热损失占建筑总能耗的比例更大。目前外窗改造主要形式包括：

1）换窗。原有外窗更换为节能外窗或节能玻璃，比较常用的节能门窗为：高透光 Low-e12A+5 中空玻璃、中透光 Low-e12A+6、中透光 Low-e12 氩气 +6 等。

2）加窗。在原有外窗的外窗台或内窗台再加设一扇窗户，可以是普通铝合金窗或节能窗，形成双层窗，之间有一定间距的空气层，达到保温效果。该方法在严寒和寒冷地区得到了广泛应用，节能效果显著，但该方法选择要视原窗台所留空间的大小和建筑整体美观而定。

3）加气密条。在原外窗上加气密条，提高外窗的气密性。但是由于各种气密条的材料、断面形状等与原外窗不完全匹配，密封效果会受到影响。

技术经济分析表明，提高外窗热工性能，比提高外墙热工性能的资金效益高 3 倍以上。因此在夏热冬冷地区围护结构改造应优先采用外窗节能改造技术，然而由于既有建筑的结构形式多样，建造年代不一，因此具体改造模式应该因地制宜。

5.2 分散式自采暖能源形式

"缺油少气"是我国能源资源总体状况，未来我国必须发展以可再生能源和核能为主的能源供给系统，电力将成为末端消费的主要形式。同时可再生能源方面，我国资源总量丰富，国家能源局新能源和可再生能源司提供的数据显示：2017 年中国可再生能源发电量 1.7 万亿 kWh，占全部发电量的 26.4%。截至 2017 年底，中国可再生能源发电装机达 6.5 亿 kW，占全部电力装机的 36.6%，其中水电发电量最高，占可再生能源发电的 63.7%，其次是风电、光电、生物质发电和地热发电。我国可再生能源资源主要位于胡焕庸线（"黑河—腾冲一线"）以西，而夏热冬冷地区的大部分城市在胡焕庸线以东，资源和需求分布存在严重不均衡，进一步决定了终端能源供应系统方式，对于西南地区来说，水电资源丰富，除满足自用外，向东部稳定输电；对华东、华南地区来说，接受西部电力并发展当地核电为基础负荷，自行通过火电和蓄能解决电力调峰问题。综上所述，未来电力将成为夏热冬冷地区居住建筑供暖的基本能源。

5.3 采暖能耗计量保障技术

随着人民生活水平的日益提高，用户对采暖个性化和提高舒适性的要求越来越迫切。在传统采暖系统中，用户处于被动状态，室内温度由供热单位进行调节，这种单一调节不能满足用户的不同需要。实施采暖计量就可以满足用户根据自身要求，利用室内温度控制装置在一定温度范围内自主调节所需室温。

目前北方的集中采暖，采暖计量主要采用按面积收费或分户计量收费两种模式。按面积收费，用户按建筑的面积进行缴费，不管用多少热都要交纳全额费用，用户购买的是规定的室内温度，热了只能开窗户，这样既浪费能源，又不舒适。分户计量收费，用户购买的是热量，可根据需求自行调节室内温度。这样不仅可以提高舒适度，也可以少用热，节省能源。分户计量收费，因用户需安装用热计量装置、室内温度调控装置和供热系统调控装置，再加上人工抄表或自动远程抄表系统，因此计量装置费用相对较高。

夏热冬冷地区居住建筑供暖采用的是自采暖，热源由住户自主产生，适合一户一表计量，有利于科学管理能耗、促进自主节能、量化能耗数据、合理计量收费、提高管理效率、促进整体节能、争创绿色节能型建筑。

实行一户一表的居民住户，实现对采暖的用电、用气单独计量，采暖费用的费率由政府相关部门单独核定，最终采暖费用合并于家庭的总体能源费用，实行统一结算。一户一表彻底解决各种能源费用的纠纷，能源公司按照政府规定的能源价格直接对每一住户核收能源费。

5.4 自采暖核心设备

供暖系统主要由热源、热循环系统和末端散热设备三大部分组成。供暖方式通常按照热源形式的不同分为集中供暖方式和分散供暖方式两大类。集中供暖由于历史原因，目前主要在严寒、寒冷地区应用。对于夏热冬冷地区的居民而言，不宜复制北方的集中采暖，既不现实，又无必要。基于气候特点、生活习惯、能源环境容量等各方面的分析表明，分散式自采暖是未来该地区居住建筑提高冬季居住品质、保障温暖过冬的可行路径。目前常用的分散式供暖设施主要包括电采暖器、空调器、燃气炉以及其他局部采暖设备，具体根据产品形式的不同，又可分为：户用燃气壁挂炉、空气源热泵机组、分体空调、多联机空调机组、水地源热泵机组、生物质炉、燃煤炉、太阳能辅助供暖等。相应的末端设备也有多种形式，包括：风机盘管、辐射末端、散热器、燃煤炉直接加热、直接电取暖器（小太阳、电油汀、电热毯等）。

1）空气源热泵热风型设备技术

夏热冬冷地区要求建筑夏季供冷，冬季供暖，来满足人们的热舒适性要求，空气源热泵热风型设备具有供冷供热的双重功能，且属于可再生能源应用范畴，同时，该地区显著的气候特征是夏季炎热、冬季湿冷，基于18℃的采暖度日数不超过2000，根据空气源热泵运行经验来看，该气候条件非常适宜空气源热泵的应用，且是最为经济的途径之一。

传统空气源热泵机组在冬季室外空气温度低的条件下，存在供热量不足的缺点。随着科学水平的不断提高，空气源热泵系统取得了一系列的突破：喷液增焓、喷气增焓、双极压缩、三缸双级等先进技术使空气源热泵在低温工况下仍能保证足够的热量输出。新的化霜流程也被相继提出，热气化霜、相变蓄热以及防冷冷风、融霜盘管等等。下送风方式室内机末端有效改善冬季供热室内气流组织。目前很多空气源热泵产品已在北方"煤改电"工程中得到了大量的市场推广和应用，成效显著，未来也将成为夏热冬冷地区清洁自采暖的核心设施。

2）辐射末端技术

地板采暖是通过地板上的热体辐射散热的一种采暖方式，因此是自下而上的梯度散热，符合"头凉脚热"的舒适要求，因此，以地板采暖为代表的辐射换热末端将成为夏热冬冷地区高舒适度的关键技术。同时，结合我国建筑工业化发展要求，构件生产工厂化，住宅部品系列化，装配施工阶段考虑管线预留、预埋工艺和标准化程序。

3）可再生能源利用技术

夏热冬冷地区冬季采暖归根结底主要的问题是能源利用技术问题，根据国家能源双控的要求，整体来说，我国建筑能源的可利用量并不高，特别是夏热冬冷地区如果全面采暖，则必将带来能源消耗量的较大增长，因此，除了采用高效节能的产品以及加强行为节能等措施手段之外，大力开发可再生能源，并广泛应用于冬季采暖，是解决该地区能源问题的一个有效途径。同时，由于近年环境污染状况十分严峻，住宅采暖能耗仍然在生产生活总能耗中占据较大比例，因此坚持走绿色能源发展道路迫在眉睫，加快建设和发展城市清洁与能源互补的住宅采暖，已成为城市建设的主要内容。另外，从技术层面来讲，太阳能、地热、废热等可再生能源与热泵技术相结合，可以提升能级，并且实现与建筑采暖的对位应用。因此，可再生能源必将成为夏热冬冷地区居住建筑供暖的有益补充。

6 结论和展望

关于夏热冬冷地区或者长江流域地区冬季采暖的探索和研究，一直以来都是学术界和民众关注的热点和焦点，我国在"十五""十一五""十二五""十三五"的每个阶段，都开展了多项国家科技支撑计划项目，由此可见，夏热冬冷地区冬季采暖是一个非常庞大而复杂的系统工程，涉及顶层法规、财税政策、市场机制、技术方案等方方面面，因此，本项目在广泛深入调研的基础上，结合现阶段研究成果，并以国家能源安全和环境容量约束条件为出发点，开展夏热冬冷地区提升冬季居住品质及市场机制的研究，从政策、市场、技术三个维度进行深入的探讨，以期为夏热冬冷地区的采暖路径的逐步明晰提供有益的借鉴和建议，主要结论和建议包括：

1. 推动国家立法。明确夏热冬冷地区居住采暖属于民生工程，纳入政府保障范畴，尽快研究制定"居民住宅清洁自采暖管理办法"，确定政府、能源供应单位、采暖终端用户等各方的法律责任。

2. 制定清洁自采暖政策保障措施。开展示范试点，在示范区制定包括电价、天然气价格优惠及补贴政策，节能改造奖励政策，特殊困难家庭补助政策，超能耗价格调整政策等，确保政策导向惠及民生，利于社会。

3. 设立清洁供暖行业产品和服务的市场准入机制。鼓励政府和社会资本合作（PPP）模式建设运营清洁供暖项目，鼓励和引导社会资本进入清洁供暖领域，发挥企业主体作用，建立有效的评估考核体系。

4. 探索清洁自采暖能源服务的长效管理机制。结合老旧小区提升改造，同步实施既有居住建筑节能改造、居住区电网、天然气管网、采暖能耗计量、终端采暖设施等基础设施扩容改造，保障合理的投资回报。

5. 制定和完善技术标准。采用"部分时间、部分空间"的采暖理念，在新建居住建筑中发展电力驱动型热泵为主的分散式清洁能源，结合工业化和全装修探索地板采暖等节能舒适供暖方式，鼓励可再生能源供暖应用。

6. 加强政策解读和舆情监测。营造全社会支持、参与、监督的良好氛围，通过电视、广播、网络等多种方式，加大对清洁自取暖政策的宣传推广力度，及时回应社会关切。

7. 夏热冬冷地区居住建筑自采暖工程建议推进模式。

第一阶段：开展示范试点。发展改革、建设、财政、价格、环境保护、能源等各相关部门协调配合，在"三高"区域（能耗强度高、经济水平高和人口密度高）先行开展示范；

第二阶段：分步分区实施，逐步有序推进。进一步增点扩面，总结建立可复制、可推广的经验做法；

第三阶段：规模化推广。形成夏热冬冷地区居住建筑冬季自采暖系统工程的规模化发展。

8. 新建居住建筑自采暖工程建议技术路线（图10）：

9. 既有居住建筑自采暖工程建议技术路线（图11）：

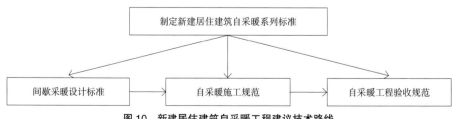

图10 新建居住建筑自采暖工程建议技术路线

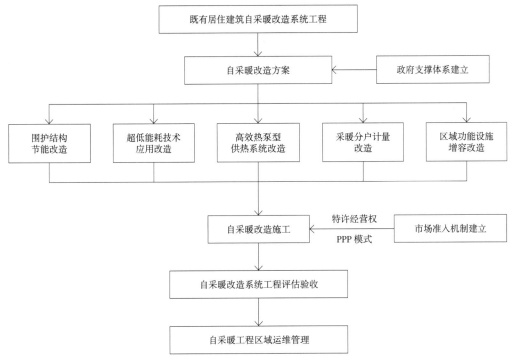

图 11 既有居住建筑自采暖工程建议技术路线

参考文献：

[1] 清华大学建筑节能研究中心 . 中国建筑节能年度发展研究报告 2017[M]. 北京：中国建筑工业出版社，2017.

[2] Chen S Q，Li N P，Yoshino H，et al. Statistical analyses on winter energy consumption characteristics of residential buildings in some cities of China[J]. Energy and Buildings. 2011，43（5）：1063–1070.

[3] Guo S Y，Yan D，Peng C，et al. Investigation and analyses of residential heating in the HSCW climate zone of China：status quo and key features [J]. Building and Environment. 2015，（94）：532–542.

[4] 江亿 . 中国未来能源情景与建筑低碳发展路径 [C]. 第十五届国际绿色建筑与建筑节能大会 . 深圳，2019.

5

◇ 一起"橙"长
　——深圳市龙岗区南湾实验小学绿色建筑设计

郑　懿　刘　瀛

摘　要：《绿色建筑评价标准》GB/T 50378—2019（下文简称"新国标"）于 2019 年 8 月 1 日开始实施，其在 2014 版国标的基础上，进行了较大程度的修编，新国标从"安全耐久、健康舒适、生活便利、资源节约、环境宜居"共五个方面进行评价，引领绿色建筑从绿色技术到绿色设计的转变。本文以南湾实验小学绿色设计为例，介绍在绿色设计的指导下将 2014 版国标的绿色建筑，在尽可能少的图纸改动下，转变为 2019 版新国标的绿色建筑。

关键词：绿色设计，绿色建筑，新国标

　　建筑，构成了人类精神和物质生活的人工环境，但是，人类无节制的开发，使得建筑成为人与自然环境之间阻隔人类生存的问题，建筑大量的消耗为资源环境带来了巨大的压力，因此发展绿色建筑刻不容缓。

1　国内外绿色建筑发展

1.1　国际绿色建筑发展

　　20 世纪 90 年代，由英国建筑研究院构建了英国建筑研究院环境评价法，其被认为是世界上最早用在具体实践上的绿色环境评价体系，也是目前最为成功的评价体系之一，英文缩写为 BREEAM。

　　在 BREEAM 之后，美国绿色建筑协会根据 BREEAM 的思想对其进行了修改形成美国的评价体系《绿色建筑评价体系》，即 LEED。近年来，由于对绿色建筑的理解、需求不断地发展变化，美国绿色建筑协会对其进行了修改与更新，先后出现的版本是：LEED1.0、LEED2.0、LEED2.2、LEED2009 等，期间还根据不同类型建筑的需求制定了不同评价体系。

　　国际对绿色建筑评价体系的研究大致经历了以下三个阶段：第一阶段主要研究内容是基于绿色建筑本身的技术、产品的评价、说明和展示；第二阶段研究的中心是将和环境生态有关的建筑方面的物理性能实现相关模拟与评价；第三阶段研究的目标是如何将可持续发展作为主导地位来进行全面性评估。这些体系的制定是全世界绿色建筑的巨大推动力，绿色建筑标准呈现出鲜明的发展趋势：向更高质量、更

注重人文关怀与环境友好的方向转变。

1.2 中国绿色建筑发展

在我国，随着城市化建设脚步的加快、人口增长，建筑所带来的能源消耗，已经成为我国能源消耗的主体部分；与此同时，随着我国经济发展，人民生活水平的提高，人们对于建筑的要求不仅是能挡风遮雨，人们开始追求建筑的舒适与健康。在全球可持续发展的大潮下，无论是从国际影响还是国内需求来看，我国发展绿色建筑都是势在必行的。

2006 版《绿色建筑评价标准》GB/T 50378—2006 首先在借鉴国际先进经验的同时，结合我国的实际国情，贯彻落实完善资源节约标准的要求，是第一部多目标、多层次的绿色建筑综合评价标准，具有一定的系统性和灵活性。

2014 版《绿色建筑评价标准》GB/T 50378—2014 的指标体系包括 6 点：节地与室外环境、节能与能源利用、节水与水资源利用、节材与材料资源利用、室内环境质量和运营管理。每一大项中可根据具体需要划分和调整出控制项、一般项、优选项，其中控制项为必须具备的条件。在满足控制项的基础要求的前提下，可以按照满足一般项和优选项的个数将绿色建筑分为三个等级：一星、二星、三星。以住宅建筑为例介绍评分等级的项数要求（表 1）。

划分绿色建筑等级的项目要求 表 1

等级	一般项数（共 40 项）						优选项数（共 9 项）
	节地与室外环境（共 8 项）	节能与能源利用（共 6 项）	节水与水资源利用（共 6 项）	节材与材料资源利用（共 7 项）	室内环境质量（共 6 项）	运营管理（共 7 项）	
☆	4	2	3	3	2	4	1
☆☆	5	3	4	4	3	5	3
☆☆☆	6	4	5	5	4	6	5

2 2019 版新国标

2019 版新国标重新定义绿色建筑，即在全寿命期内，节约资源、保护环境、减少污染，为人们提供健康、适用、高效的使用空间，最大限度地实现人与自然和谐共生的高质量建筑。

2019 版新国标重新构建了绿色建筑评价指标体系、扩展了绿色建筑内涵、提高了绿色性能要求；2019 版新国标评价内容将原 2014 版国标的"四节一环保"修编为"安全耐久、健康舒适、生活便利、资源节约、环境宜居"共五个方面的评价内容。表 2 为绿色建筑评分分值表。2019 版新国标引领绿色建筑从示范性到强制性转变、从绿色建筑设计标志到绿色建筑建成评价转变，从绿色建筑高速发展到高

绿色建筑评分分值表 表 2

评价指标	控制项基础分值	评分指标评分项满分值					提高与创新加分项满分值
		安全耐久	生活便利	健康舒适	环境宜居	资源节约	
总分值	400	100	100	100	100	200	100

新国标与 LEED 对比分析表   表 3

项目	新国标	LEED
等级	三星级 二星级 一星级 基本级	铂金级 金级 银级 认证级
章节	安全耐久 健康舒适 生活便利 资源节约 环境宜居 提高与创新	位置和交通 可持续场地 水资源利用 能源与大气 材料资源利用 室内环境质量 提高与创新

质量发展的转变。2019 版新国标的出台有利于保障绿色建筑质量，规范和引导我国绿色建筑健康发展，有利于推进建设生态良好的文明社会，有利于推进美丽中国建设。表 3 为 2019 版新国标与美国 LEED 对比分析。

3 新旧国标对比

3.1 促进绿色落地

2019 版新国标评价计分与 2014 版国标相比更加简洁明了，让评价人员计算更加简便；绿色建筑的评价应在建筑工程竣工后进行，2019 版新国标评价取消设计评价，代之以设计阶段的预评价；2019 版新国标评价优化了计分评价方式，取消不参评的得分项，增强了评价方法的可操作性。2019 版新国标评价分类修改为"安全耐久、健康舒适、生活便利、资源节约、环境宜居及提高与创新"。新标准预评价在施工图审查通过后进行，运营评价在工程竣工验收并营运一年后进行。可以有效地约束绿色建筑技术的落地，保证绿色建筑性能的实现。

3.2 从绿色技术到绿色设计

绿色建筑是建筑从理念到设计方法的变化，2019 版新国标中共有 110 条条文，其中涉及建筑、景观、室内设计的条文共 56 条，占比超过 50%。

3.3 更高质量的绿色建筑

2019 版新国标更加关注以人为本，塑造更高性能的绿色建筑。通过对建筑的性能指标评价，打造使用者可感知的绿色建筑。

3.3.1 部分 2014 版国标评分项变为 2019 版新国标控制项

2019 版新国标各专业条文数量（110 条）相比 2014 版国标各专业条文数量（138 条）有所减少；2019 版新国标将原有条文进行整合并新增了不少重要的技术条文，熟悉掌握新增条文有利于对绿色建筑进行正确评价（表 4）。

2014 版国标评分项变为 2019 版新国标控制项一览表　　　　表 4

条文内容	2014 版国标条文	2019 版国标条文
场地出入口 500m 内应设有公共交通站点或增加专用接驳车	4.2.8	6.1.2
空调系统应进行分区控制	5.2.8	7.1.2
公共区域照明系统应采用分区、定时、感应等节能控制	5.2.9	7.1.4
垂直电梯、自动扶梯采用节能控制措施	5.2.11	7.1.6
用水点水压控制	6.2.3	7.1.7
设置用水计量装置和节水器具	6.2.4 6.2.6	7.1.7
采用预拌混凝土、预拌砂浆	7.2.8 7.2.9	7.1.10
设置独立控制的热环境调节装置	8.2.9	5.1.8
地下车库设置与排风设备联动的一氧化碳浓度监测装置	8.2.13	5.1.9

3.3.2　将全装修纳入评价体系

　　绿色建筑评价星级 = 评价得分（每类指标满分值的 30%）+ 全装修 + 技术要求，但绿色建筑评价总得分分别达到 60 分、70 分、85 分，且每类指标的评分项不低于评分项总分的 30%，同时满足全装修及绿色建筑技术要求时，绿色建筑等级可以对应评定为一星级、二星级、三星级（表 5）。2019 版新国标一、二、三星级的居住建筑项目应进行全装修，公共建筑公共部位精装修。全装修工程质量、选用材料及产品质量应符合国家现行有关标准的规定。

一星级、二星级、三星级绿色建筑的技术要求　　　　表 5

	一星级	二星级	三星级
围护结构热工性能的提高比例，或建筑供暖空调负荷降低比例	围护结构提高 5%，或负荷降低 5%	围护结构提高 10%，或负荷降低 10%	围护结构提高 20%，或负荷降低 15%
严寒和寒冷地区住宅建筑外窗传热系数降低比例	5%	10%	20%
节水器具用水效率等级	三级	二级	
住宅建筑隔声性能	/	室外与卧室之间、分户墙（楼板）两侧卧室之间的空气隔声性能以及卧室楼板的撞击声隔声性能达到低限标准限值和高要求标准限值的平均值	室外与卧室之间、分户墙（楼板）两侧卧室之间的空气隔声性能以及卧室楼板的撞击声隔声性能达到高要求标准限值
室内主要空气污染物浓度降低比例	10%	20%	
外窗气密性能	符合国家现行相关节能设计标准的规定，且外窗洞口与外窗本体的结合部位应严密		

　　资料来源：王清勤，韩继红，曾捷 . 绿色建筑评价标准技术细则 [M]. 北京：中国建筑工业出版社，2019：10.

3.3.3 提供技术分析报告与检测报告

2019 版新国标评价对室内外环境舒适度要求进一步提高，这些新要求将使得绿色建筑室内外数字模拟计算软件得到更进一步的应用（表 6）。2019 版新国标更强调项目落地性。在项目完成后，需要施工方提供相关检测报告，以证明绿色建筑措施的有效性（表 7）。

绿色建筑模拟分析报告一览表 表 6

建筑物理性能分析及模拟报告	1. 玻璃幕墙光污染计算分析报告	专项计算书及分析报告	1. 绿色建材应用比例分析报告
	2. 室外夜景照明光污染计算分析专项报告		2. 节能计算书、供暖空调系统能耗节能率分析报告
	3. 室外风环境模拟计算分析专项报告		3. 旧建筑利用专项报告
	4. 节能计算书、供暖空调系统能耗节能率分析报告		4. 建筑碳排放计算分析报告（含减排措施）
	5. 围护结构内表面最高温度计算书		5. 装饰性构件成本比例计算书
	6. 室外噪声模拟分析报告		6. 节能诊断评估报告
	7. 污染物浓度预评估分析报告		7. 抗震性能分析报告或抗震设计专篇
	8. 气流组织模拟分析报告		8. 声环境专项设计报告
	9. PM2.5 和 PM10 浓度计算报告		9. 构件隔声性能分析报告
	10. 室内温度模拟分析报告		10. 照明功率密度计算分析报告
	11. 舒适温度预计达标比例分析报告		11. 建筑形体规则性判定报告
	12. 自然通风换气次数模拟报告		12. 供暖空调全年计算负荷分析报告
	13. 建筑日照模拟计算报告		13. 室外声环境优化报告
	14. 室内自然采光模拟计算分析专项报告	措施报告	1. 场地内污染源治理措施分析报告
	15. 建筑能耗模拟报告		2. 绿色建筑运行分析报告（自动控制）
	16. 场地热环境计算报告		3. 用水分项计量统计分析报告
			4. 电梯与自动扶梯人流平衡分析报告

绿色建筑检测报告一览表 表 7

建筑材料及设备器具性能检测报告	1. 屋面太阳辐射反射性能现场检测报告	建筑材料及设备器具性能检测报告	21. 电缆产品检测报告
	2. 用水器具产品节水性能检测报告		22. 电梯监督检测报告
	3. 外门窗气密性能、抗风压性能及水密性能检测报告		23. 隔震设施、消能减振构件检测报告
	4. 外门窗传热、隔声检测报告		24. 主要构件隔声性能检测报告
	5. 门窗玻璃原材料检测报告（安全玻璃）	环境质量检测报告	1. 非传统水源水质检测报告
	6. 门窗配件、连接件第三方检测报告		2. 景观水体水质检测报告
	7. 道路用热反射涂料性能检测报告		3. 土壤氡浓度检测报告
	8. 装修材料检测报告		4. 步行道路、自行车道路照度检测报告
	9. 门窗型材检测报告、门窗现场检测报告		5. 场地环境噪声检测报告
	10. 混凝土砖检测报告		6. 照明功率密度现场检测报告
	11. 地板检测报告		7. 水质监测报告
	12. 主要构件连接能力检测报告		8. 防水、防潮监测报告
	13. 内外墙涂料检测报告		9. 隔震设施、消能减震构件检测报告
	14. 防水涂料检测报告		10. 灯具的光度检测报告
	15. 屋面涂料性能检测报告		11. 典型房间在使用空调期间的室内温湿度检测报告
	16. 防排气倒灌措施相关的产品性能检测报告		12. 室内二氧化碳浓度检测报告
	17. 防水卷材检测报告		13. 天然光照度检测报告
	18. 防护栏杆材料检测报告		14. 废水废气排放达标检测报告
	19. 防滑（室外、室内）检测报告		15. 室内空气质量检测报告
	20. 管材检测报告		

4　南湾实验小学绿色建筑设计

4.1　绿色设计

该项目位于深圳市龙岗区南湾街道项目。用地 9213.65m²，总建筑面积 22856m²，容积率为 2.48。2018 年中标，2020 年 1 月完成施工图审查，已于 2021 年 1 月 28 日竣工（图 1）。

图 1　南湾实验小学鸟瞰图

如此高密度建设下兼顾场地问题的同时做到高星级的绿色建筑，对我们来说是一项巨大的挑战。在设计初始绿色建筑的理念就贯穿于整个建筑设计中，充分利用场地高差关系，因地制宜打造一座立体、多层次的绿色校园（图 2）。

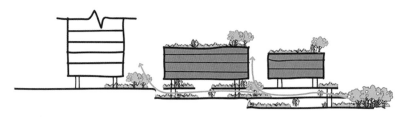

图 2　立体校园分析图

4.1.1　绿化设计

在校园中创造多个庭园，因此在屋顶、平台设置多层次的绿化空间。其中，设计了 1226.8m² 屋顶绿化，占整个绿化系统 41%，从物理空间层面改善了微气候，降低热岛效应、室内温度；从心理层面，降低了建筑的体量带给人的压迫感，提升空间的身心舒适度（图 3、图 4、表 8）。

4.1.2　遮阳设计

在设计中规避不利朝向，教学用房均为南北朝向，南面设计走廊，东侧设计竖向穿孔网遮阳，西侧设置实墙，不开窗，解决西晒问题；宿舍均为南北朝向，设计了阳台及挑檐，达到了遮阳的作用；架空层朝运动场侧出挑，为体育活动提供遮风避雨的空间（图 5、图 6）。

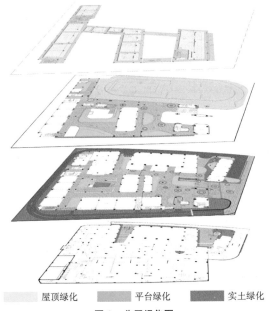

图3　分层绿化图

□ 屋顶绿化　■ 平台绿化　■ 实土绿化

图4　生态庭园

绿化形式占比分析表　　　表8

绿化形式	面积（m²）	占比（%）
屋顶绿化	1226.80	41%
平台绿化	1079.17	37%
实土绿化	664.66	22%

图5　穿孔板遮阳

图6　挑檐遮阳

4.1.3　通风设计

　　将运动场抬高至2层，1、2层布置非主要教学空间及架空活动空间，保证通风流畅；教学楼南侧设置走廊，将风引入改善室内环境；在风环境较强的部位增设景观植物来改善风环境（图7、图8）。

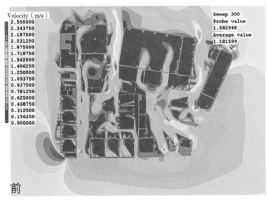

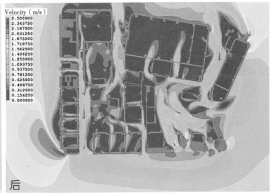

图7　二层风环境对比图（增设景观植物前后对比）

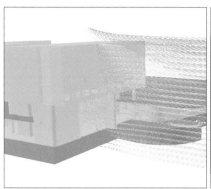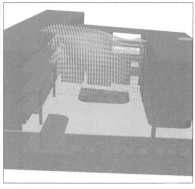

图 8 缩流效应与天井拔风模拟图

4.1.4 采光设计

在建筑中设计采光井与下沉广场，将光线引到地下室，保证每一个空间都有健康照明（图 9）。

图 9 采光井现场照片

4.1.5 海绵城市设计

设置雨水回收系统，收集部分道路和屋面雨水，全部用于绿化灌溉、洗车、道路和车库冲洗；充分利用场地自然条件，设置下沉式绿地、渗透渠、雨水收集回收系统、透水铺装和屋顶绿化，满足海绵城市设计年径流总量控制率 70% 以上（图 10）。

4.1.6 材料设计

此项目室内设计与土建设计同步进行，缩短了施工工期的同时也大大降低了二次施工造成的资源浪费。所有建筑材料均采用深圳及周边地区材料（图 11）。

图 10 屋顶花园　　　　　　　　　　　　图 11 走廊吊顶

4.1.7　节能设计

室内照明合理利用建筑平面布置、下沉式广场设计，减少白天照明灯具使用率；教室、餐厅、学生活动室等均设计为通风场所，且均配有风扇，为减少使用空调等高能耗设备创造有利条件；教室、厨房等增加了风扇的使用，过渡季节优先采用风扇代替空调散热，降低空调能耗，节约电量。根据以上措施，用 PKPM 能耗分析软件进行分析，本项目综合节电率约为16.01%，空调系统总用电量为 26.19 万 kWh。采用以上节能措施后，年实际节约电量10%～15%。宿舍采用太阳能热水和空气源热泵辅助加热，每年可节约电费约 1.85kW。

本项目已通过深圳市绿色建筑协会 2014 版国标专家评审会，获得了二星级绿色建筑设计标识证书（图12、表9）。

图 12　二星级绿色建筑设计标识证书

2014 版国标评价得分表　　　　表 9

得分情况	节地与室外环境	节能与能源利用	节水与水资源利用	节材与材料资源利用	室内环境质量
总分值	100	100	100	100	100
自评得分	68	64	82	34	41
不参评分	3	4	10	31	0
折算得分	70.10	66.67	91.11	49.28	41.00
权重系数	0.16	0.28	0.18	0.19	0.19
权重得分	11.22	18.67	16.40	9.36	7.79
提高与创新	1	总分	64.44	自评星级	★★

4.2　绿色升级

2019 年 8 月 1 日住房和城乡建设部发布了 2019 版新国标。本项目在设计之初就是遵循绿色的设计理念，我们认为本项目各方面条件较好，故按照 2019 版新国标再评一次。

由于本项目当时已经开始施工，此次绿色建筑标识预评价采取了"保留原有方案，减小图纸修改量，保证控制项全满足，得分项尽量满足"的基本策略。

4.2.1　绿色建筑得分重新评估

预评估总分为 74.2 分，满足二星级绿色建筑要求。由于本项目是新建小学，此次预评估得分点集中在环境宜居和安全耐久方面，也满足学校建筑的使用需求。

初步评估，控制项有 7 项未满足。其中，安全耐久方面 3 条，健康舒适方面 2 条，环境宜居方面 2 条（图13）。

得分项新增措施 15 项，其中建筑 7 项，设备 7 项，景观 1 项。新增措施均未涉及图纸修改（图14）。

4.2.2　设计图纸调整并指导施工

根据对控制项与得分项的预评估，将未达标的条文对应措施提资相关专业，各专业根据要求修改图纸。本次图纸修改主要是控制项达标的过程（图15）。

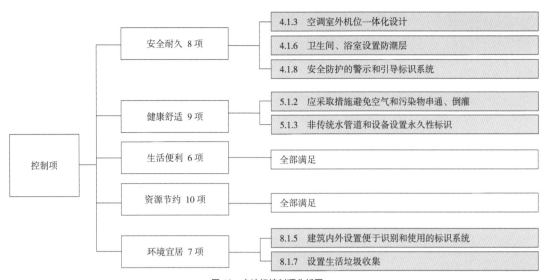

图13　未达标控制项分析图

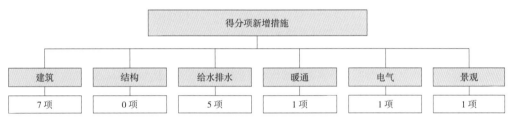

图14　得分项新增措施分析图

图15　分专业修改分析图

图纸调整完之后，我们与施工单位进行了绿建图纸交底，因为修改的部分对项目概算的影响不大，施工队积极配合我们工作。最后施工完成成果如下：

（1）4.1.3 外遮阳、太阳能设施、空调室外机位、外墙花池等外部设施应与建筑主体结构统一设计、施工，并应具备安装、检修与维护条件（图 16、图 17）。

（2）4.1.8 应具有安全防护的警示和引导标识系统（图 18）。

图 16　空调室外机位　　　　图 17　空调维修门　　　　图 18　警示和引导标识系统

（3）4.2.4 室内外地面或路面设置防滑措施（图 19）。建筑出入口及平台、公共走廊、电梯门厅、卫生间、室内外活动场所等均满足防滑等级要求；楼梯设置防滑条且防滑等级符合现行行业标准的要求。

（4）5.1.9 地下车库应设置与排风设备联动的一氧化碳浓度监测装置（图 20、图 21）。

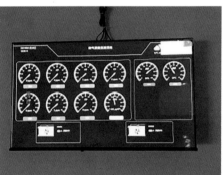

图 19　防滑楼梯　　　　图 20　地下车库空气监测系统　　　　图 21　地下车库 CO 监测系统

（5）5.2.5 所有给水排水管道、设备、设施设置明确、清晰的永久性标识（图 22、图 23）。消防管道、生活给水管、污水管等均设置了明确、清晰的永久性标志。

图 22　给水排水管道　　　　图 23　消防管道

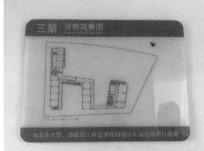

图24　各楼层标识系统　　　　图25　消防疏散标识　　　　图26　垃圾回收

（6）8.1.5 建筑内外均应设置便于识别和使用的标识系统（图24、图25）。

（7）8.1.7 生活垃圾应分类收集，垃圾容器和收集点的设置应合理并应与周围景观协调（图26）。

4.2.3　现场验收及评审

2020 年 12 月各专业负责人在竣工前多次前往现场，查验绿色建筑措施落实情况，对于未落实处，督促施工方进行整改。2021 年 1 月 6 日，组织绿色建筑专业竣工验收（图27）。新国标中很多条文需要通过检测报告作为证明材料。本项目涉及检测报告共 30 项，对应条文 26 项。由于我们是施工进行到一半的时候进行的绿色建筑新国标的申报材料收集和整理工作，施工方对检测送检报告并不了解，整个检测送检过程均由我方列出清单，施工方实际实施。

2021 年 4 月 26 日在南湾实验小学召开南湾实验小学绿色建筑专家评审会。在会上，绿色建筑对比现有建筑提高了哪些性能和质量的问题比较受关注。本项目为学校建筑，在设计中，我们更多关注安全问题，外开窗除设计了限位器之外我们还增设了防坠落铰链，对外开窗设计了"双保险"。学校走廊栏杆高度按照《民用建筑设计统一标准》GB 50352—2019 为 1050mm，我们本次设计为 1250mm，出于安全考虑，比规范提高了 200mm。专家给予我们项目高度评价，评审顺利通过，最后得分 74.2 分（图28、图29、表10）。

南湾实验小学绿色建筑评分表　　　　　　　　　　　　　　　　表10

得分情况	控制项基础分值 Q0	安全耐久 Q1	健康舒适 Q2	生活便利 Q3	资源节约 Q4	环境宜居 Q5	加分项 QA
评价分值	400	100	100	100	200	100	100
自评得分	400	49	44	36	119	69	25
总得分 Q	74.2 > 70			自评星级	二星级		

图27　绿色建筑竣工验收现场　　　图28　绿色建筑专家评审现场　　　图29　绿色建筑
　　　　　　　　　　　　　　　　　　　　　　　　　　　　　　　　评价标识公示

4.3 绿色感知

2021 年 4 月 14 日，在南湾实验小学投入使用 3 个月之际，我们对学校进行了回访调查（图 30）。我们采用线上与线下两种问卷方式进行调查，一共回收了 51 份问卷。受访者以老师和学生为多数，其中女生占 66.67%（图 31、图 32）。

在受访者中 43.1% 的人对绿化很满意，41.1% 的人对绿化比较满意。其中，学校绿化生态环境满意原因主要有绿化面积多、绿植品种丰富、绿植养护好和有空中花园或屋顶花园等原因（图 33、图 34）。

在学校室外环境舒适性方面，23.5% 的人非常满意，62.8% 的人认为舒适。据分析，学校室外环境舒适的原因感受最明显的一点为室外环境有良好自然通风，92.2% 的人都选了此项。其次，夏天有足够的遮荫区域（如：树荫、架空层、连廊等）和安静，无明显噪声影响也是感知比较明显的选项（图 35、图 36）。

对学校室内教学、办公、住宿环境舒适性的总体满意度，33.33% 的人非常满意，52.94% 的人认为满意。其中，感受度最高的三个选项为自然采光充足、视野好，自然通风良好和有空调、风扇（图 37、图 38）。

通过以上的调研分析得出，在设计之初，我们采用的设计手法对整个建筑的通风、采光、声音、资源、绿化和友好 6 个方面的感知度比较高。

图 30　回访调查现场照片

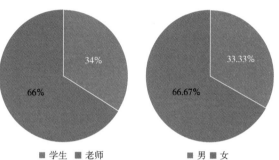

■ 学生　■ 老师　　　　　■ 男　■ 女

图 31　受访者身份分析图　　　图 32　男女比例分析图

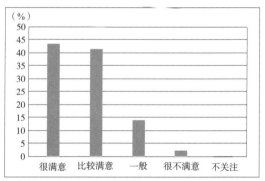

图 33　绿化满意度分析图

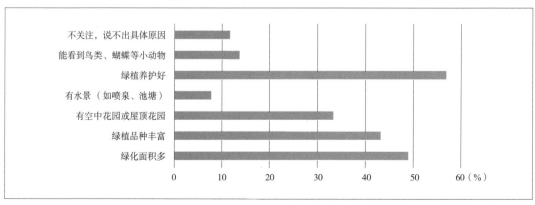

图 34　学校绿化生态环境满意原因分析

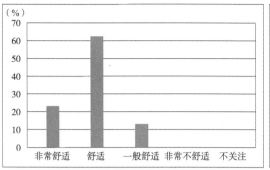

图 35 学校室外环境舒适性评价分析

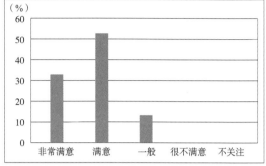

图 37 室内教学、办公、住宿环境舒适性的总体满意度

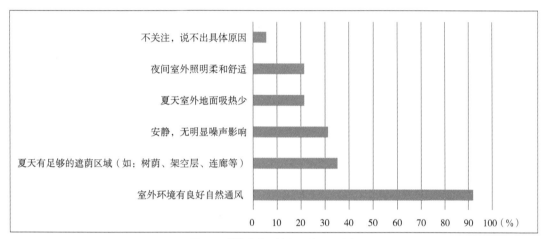

图 36 学校室外环境舒适的原因分析

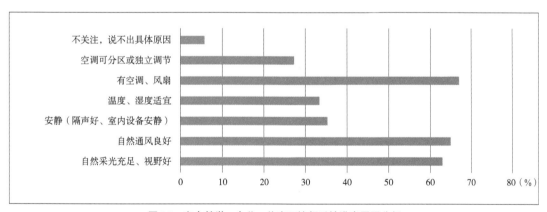

图 38 室内教学、办公、住宿环境舒适性满意原因分析

但遗憾的是,由于是新建学校,智慧校园方面还有待完善。经分析,表现为以下两个方面:其一,作为学校类的绿色建筑,除了做到基本的建筑能耗监测外,更应该关注室内外环境舒适度,如 PM10、PM2.5、CO_2 等,对数据进行实时测量、显示、记录和传输。其二,绿色教育和宣传也是学校类绿色建筑的发力点。在绿色技术的展示方面,应该更加全面和智慧。如应增加介绍绿色技术的二维码,让老师、学生和家长在使用学校这栋建筑的时候有更强烈的获得感,让老师在学校上课更加舒心,让学生在学校学习更加开心,让家长在学校接送学生更加放心。这也是未来在绿色建筑设计时我们应该注意的,绿色建筑正逐渐从绿色设计走向绿色感知,我们绿色建筑的研究一直在继续。

结语：

绿色发展是我国的基本国策，推动绿色建筑新国标各项绿色建筑技术的落实与应用，将进一步提升绿色建筑性能，推动经济社会可持续发展。2019 版新国标完善了我国绿色建筑技术标准体系，绿色建筑新国标引导绿色建筑评价从设计、施工到运营全过程评价，引导绿色建筑从试点到全面覆盖的方向发展。《广东省绿色建筑条例》由广东省第十三届人民代表大会常务委员会通过，自 2021 年 11 月 11 日起施行。政府部门制定并完善绿色建筑营运的相关配套政策、法规，为全面强制执行绿色新国标提供有力保障。

绿色建筑正逐渐从绿色设计走向绿色感知，需要整个行业一起不断地学习进步。提高绿色建筑各参与方的积极性，强化各参与方绿色建筑全过程中的对应责任。

参考文献：

[1]　BREEAM 98 for offices——an environmental method for office building[S].1998.

[2]　绿色建筑评价标准 GB/T 50378—2006[S].北京：中国建筑工业出版社，2006.

[3]　绿色建筑评价标准 GB/T 50378—2014[S].北京：中国建筑工业出版社，2014.

[4]　绿色建筑评价标准 GB/T 50378—2019[S].北京：中国建筑工业出版社，2019.

[5]　王清勤，韩继红，曾捷.绿色建筑评价标准技术细则 [M].北京：中国建筑工业出版社，2019.

图片来源：

图片来源于方案团队设计制作及拍摄。

6

◇ 外高桥保税区 75-76 号仓库项目绿色建筑设计策略

张　洁

摘　要：外高桥保税区 75-76 号仓库项目在规划建设过程中充分考虑区域内的地理特征、气候环境以及能源分布情况，根据节能、高效、舒适的设计理念，将该项目打造成为能源利用率高、资源消耗小的绿色生态建筑项目。本文结合项目案例对比 LEED 金奖和《绿色工业建筑评价标准》GB/T 50878—2013 对工业项目的要求，从节地、节能、节水、节材、室内环境质量 5 个方面，尝试探索绿色仓库项目的主要技术措施。

关键词：绿色工业建筑，绿色工业建筑评价标准，绿色工业建筑技术策略，LEED 技术措施

据 2009 年《中国建筑节能年度发展研究报告》统计，建筑业、建造业的能源消耗已占我国商品总能耗 20% ~ 30%，而我国城乡建筑运行能耗约占我国商品能耗总量 25.5%。环境总体污染中与建筑有关的污染所占比例约为 34%，包括空气污染、水污染、固体废弃物污染、电磁污染等。而随着我国工业的迅速发展，工业建设规模逐年递增，占社会总建设规模的比例也相当大，与民用建筑相比，工业建筑具有体量大、跨度大、面积大等特点，其建设和运营过程中耗能多、排废大、污染重。因此在建筑业中提倡节能减耗、减少污染，不应忽略工业建筑这个耗能和污染"大户"。

截至 2014 年底，共有 27 个项目通过专家评审（建筑面积总计 517.01 万 m²），其中 22 个项目经公示获得标识，其中设计标识 19 个，运行标识 3 个，累计建筑面积 480.56 万 m²。同时，项目整体星级较高，三星级项目 12 个，二星级项目 9 个，一星级项目只有 1 个，这是因为绿色工业建筑尚处于"自愿申报"阶段，参评项目大多为关注节能环保并已取得一定成果的企业。运行标识（3 个）所占比例为 13.6%，高于民用绿色建筑的 7%，从一定程度上说明工业建筑领域节能环保技术措施的落实率较高。一个工业建筑想要实现绿色落地实施，要从规划设计阶段开始，到建造、运行都要将绿色理念贯彻到底，制定整体的解决方案。

外高桥保税区 75-76 号仓库项目用地面积 123804m²，总建筑面积 135886.24m²，其中物流仓库建筑面积 134184.10m²；计容建筑面积 247608.96m²；容积率 2.0；占地面积 79423.20m²；建筑密度 64.15%；绿化面积 18571.00m²；绿地率 15.0%。新建建筑包括 1 栋 2 层丙类 2 项物流仓库，在 2 个坡道下方各设置 1 栋单层设备房及物业管理用房，4 栋 1 层门卫（图 1、图 2）。

外高桥保税区 75-76 号仓库项目按 LEED 评级体系从可持续场地、建筑节水、能源与大气、材料与资源、室内环境质量、创新设计、因地制宜 7 个方面共得分 61 分，获得 LEED 认证金奖。LEED 和《绿

图 1　鸟瞰效果图

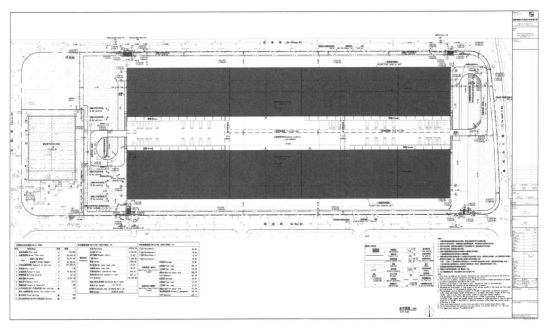

图 2　总平面图

色工业建筑评价标准》GB/T 50878—2013 框架及体系等方面具有相似性，但不完全对应。在外高桥保税区 75-76 号仓库项目中采用的 LEED 技术措施在《绿色工业建筑评价标准》GB/T 50878—2013 中也有对应项。

1　节地与室外环境

《绿色工业建筑评价标准》GB/T 50878—2013 中 "节地与室外环境" 与 LEED 认证标准中 "可持续场地" 类似，两者均要求在选址安全的基础上，进行保护性（或者修复）开发以及在周边提供良好的公共服务配套设施。主要包括场地的选择，合理的开发密度，便捷的公共交通，以及良好的室外光、热、声环境，景观绿化设计。绿色工业建筑评价标准与 LEED 认证标准中"节地与室外环境"要求不同的是，LEED 标准中除了公共交通外，还强调对自行车、节能、共乘交通的鼓励，因此在停车位的设置上要求优先分别设置总停车位 5% 以上的位置用作节能和共乘交通停车位，以达到引导的作用。

为了土地开发租赁效益的最大化，项目建筑密度为 64.15%，仓库主体充分利用土地且设计了大面积集卡停车装卸场地，绿地相对较少，为缓解热岛效应，仓库屋面选用太阳能反射指数 SRI 值 >78 的涂层。屋面做法详见表 1。

双层压型钢板屋面做法　　　　　　　　　　　　　　　　　　　　　　　　　　　表 1

1	总厚 0.6 镀铝锌压型钢板（SRI 值 > 78），360° 直立锁缝连接，镀铝锌量 150g/m²，屈服强度 345 MPa
2	≥ 0.49mm 防黏聚乙烯和聚丙烯膜防水透气层
3	200 厚玻璃丝棉保温层（重度 16kg/m³），铝箔贴面
4	底层镀铝锌压型钢板 0.5mm 厚，表面采用聚酯涂层 PE（双面镀锌量不小于 100g/m²）
5	屋面结构梁上热浸镀锌檩条（双面镀锌量不小于 275g/m²）

项目设置 6 个拼车车位和 11 个充电车位，且停车位设置在靠近办公区主入口处（图 3、图 4）。LEED 标准要求提供 5% 建筑总人数（包括建筑内全职职工人数和高峰时刻访客最多人数）的自行车车位，且距离主入口小于 180m；《绿色工业建筑评价标准》GB/T 50878—2013 要求满足 15% 员工需要的自行车场地。项目总平面图中设计 300 个自行车位，距办公出入口均在 180m 以内。通过鼓励采用无污染交通工具，减少交通能耗，改善空气质量。

项目通过场地竖向设计将大面积仓库屋面雨水、道路和集卡装卸场地的雨水引入周边绿化带，径流经过植物、砾石和土壤会自然过滤后排入雨水蓄水池，而不是排入城市的雨水下水道系统。

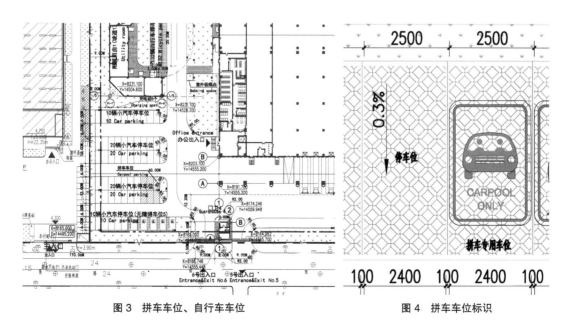

图 3　拼车车位、自行车车位　　　　　　　　图 4　拼车车位标识

通过选用渗透性地面材质增加雨水渗透量，在机动车停车位、自行车停车场采用透水混凝土增加渗透量减少地面径流。通过采取减少地表径流的措施收集屋面雨水排入绿地或加以利用，增加天然降水的渗透量，补充地下水资源，增加地下水涵养量；同时这些措施还有助于减少水土流失，减少因地下水位下降造成地面下陷。大雨时以上措施还有助于减少雨水高峰径流量，改善排水状况，减轻场地对市政设施排水系统的负荷（表 2）。

透水地面做法 表 2

1	180mm 厚透水混凝土面层
2	150mm 厚小粒径透水级配碎石
3	150mm 厚大粒径透水级配碎石
4	素土夯实，90%< 压实度 <93%

2 节水与水资源利用

《绿色工业建筑评价标准》GB/T 50878—2013 的金级（二星级）与 LEED 认证标准在"节水"设计上有着相似的要求，均要求进行前期合理的雨水设计，采用高效的节水器具以及创新的废水技术如雨水收集系统或者中水系统。具体条文设置上的思路上则略有不同，如《绿色工业建筑评价标准》GB/T 50878—2013 较为强调具体的操作细节，具体分类、分项的节水要求均有明确的要求，而 LEED 认证强调用水总量的控制。因此，两者的条文设置便有显著的不同。另一显著的不同是，《绿色工业建筑评价标准》GB/T 50878—2013 对水质和供水设计有明确的要求，这也是充分考虑了给水排水行业和产业发展的现状。

项目采取了景观植物布置、物种选取、节水灌溉形式等措施减少绿化灌溉用水量。

项目景观植物采用雨水进行浇灌（自来水作为补充水源），灌溉形式为喷灌，喷灌比漫灌省水 30% ～ 50%，景观植物主要以本地植物为主，设计所采用的景观植物可减少 50% 的灌溉需水量，通过选用本地植物以及控制种植密度来实现，另外雨水收集池的水量，足够满足 LEED 雨水回用灌溉的要求。项目采用雨水回收系统进行景观灌溉，西侧绿地雨水花园内设置埋地式雨水回收池 150m³。

这些节水措施，再加上使用低流量水龙头和淋浴喷头以及当地景观美化，将减少 78% 的用水量。

项目采用低流量的节水型坐便器和小便器以减少 50% 的冲厕用水，坐便器采用 3/4.5L/ 冲。仓库区采用无水小便器，办公室小便器 0.5L/ 冲。淋浴花洒 6L/min。

3 节能与能源利用

《绿色工业建筑评价标准》GB/T 50878—2013 "节能与能源利用"和 LEED 认证"能源与大气"均强调"建筑布局分布""围护结构热工性能""高效能设备的选用""可再生能源利用"和"能量回收"。LEED 认证增加"强化调试运行""加强制冷管理""计量与认证"和"绿色电力"的内容。LEED 认证更注重在建筑系统的使用能效和建筑节能系统的运转调试方面有着严格的规定。LEED 认证体系要求建筑节能系统运转调试后，提供由业主或者调试专家（组）出具的 LEED 调试报告，以保证建筑节能系统的运转达到真正的节能效果。现阶段，《绿色工业建筑评价标准》GB/T 50878—2013 则主要强调设计和使用的建筑节能设备符合国家相应的节能标准。因此，在节能与能源利用项上，LEED 有着更为严格的要求，在《绿色工业建筑评价标准》GB/T 50878—2013 金级的基础上需要付出额外的投资成本。可再生能源特别是太阳能的热利用技术较为成熟，而工业建筑的生活热水量并不是很多，故利用可再生能源供应的生活热水满足 LEED 或《绿色工业建筑评价标准》的要求是较容易实现的。

围护结构的热工性能对工业建筑的节能降耗和生产使用功能具有重要影响。本项目的屋面、外墙都选用了比夏热冬冷地区一般项目仅能满足国家标准工业建筑围护结构热工性能好很多的保温构造（表 3），屋面、外墙保温厚度分别为 200mm、120mm，屋面、外墙的传热系数分别为 0.22、0.33，《工业建筑节能设计统一标准》GB 51245—2017 中对夏热冬冷地区的屋面、外墙传热系数的要求则分别为小于等于 0.7、小于等于 1.1。

仓库墙面、屋面保温构造　　　　　　　　　　　　　　　　　　　　表3

外墙 1 A 级		双层压型钢板外墙，银色 RAL9006 条纹镀铝锌竖排版（标高 1.200 m 以上）
	1	外侧 0.5mm 镀铝锌钢板，表面采用高耐久涂层（HDP），竖向铺设，镀锌量 150g/m²，屈服强度 550MPa
	2	120mm 玻璃丝棉（重度 ≥ 16kg/m³），铝箔贴面
	3	0.4 厚镀铝锌钢背板，竖向铺设，镀锌量 150g/m²，屈服强度 550MPa
	4	钢檩条与结构连接
屋面 1 A 级		双层压型钢板屋面
	1	0.7 厚镀铝锌本色压型钢板（SRI 值 > 79），360° 直立锁缝连接，镀锌量 165g/m²，屈服强度 345MPa
	2	≥ 0.49mm 防黏聚乙烯和聚丙烯膜防水透气层
	3	200 厚玻璃丝棉保温层（重度 16kg/m³），铝箔贴面
	4	底层本色镀铝锌压型钢板 0.5mm 厚（双面镀锌量不小于 150g/m²）
	5	屋面结构梁上热浸镀锌檩条（双面镀锌量不小于 275g/m²）

项目因为巨大的屋面面积本来希望充分利用屋面设置太阳能光伏板，但是经过测算发现大规模的安装成本过高，解决方案是集中办公区域淋浴、餐厅等有热水需要的地方使用太阳能集中供热水系统，电辅助加热。光伏发电全年发电量达到建筑能耗的 9%，初步估算约 720kW 装机容量光伏设备。太阳能板集中设置于办公区上方的屋面上，设置 LPC47-1550 型集热器 75 组，总集热面积为 468m²，日产水量约为 24.9m³。热水箱间内设有效容积 25.2m³ 热水箱一座，集热循环泵组、辅助循环泵、供水循环泵组、3 台 90kW 的容积式电热水器辅助加热设施等各一套。

项目采用不含氯氟烃（CFC）的环保冷媒 R410a，以减少对臭氧层的破坏。

项目 2 层通过屋顶天窗满足大部分日间采光需求，项目屋顶均匀设置了 3136m² 天窗兼做排烟设施，占屋顶面积的比例达到 5.5%，自然采光有最好的显色性，为提高生产效率、生活质量创造条件；同时节省电力；又有利于人员的身心健康。天窗布置考虑仓库内货架的布置，为了使仓库货架过道的光线达到理想的深度，采光装置对齐货架过道，并增加采光装置的密度（图 5）。

照明光源采用高发光效率、高显色性及寿命长的三基色光源。灯具选用高效率节能型 LED 灯具。荧光灯采用节能型电子镇流器。其他气体放电灯采用节能型电感镇流器并应采用电容器补偿。仓库内储货区和理货区灯具选用国产 LED 高天棚高效节能型荧光灯盘，仓库内通过通通道传感器控制的灯具照明需达到 300LUX，当通道内无工作人员，传感器不工作，仓库内保持常亮照明 50LUX。这种根据室内照度和使用要求自动调节人工光源的开关可较好地实现节能。办公区及设备用房采用格栅荧光灯；室外灯具部分采用金卤灯。开敞式荧光灯效率达 75% 以上，格栅荧光灯效率达 65% 以上，开敞式金卤灯效率达

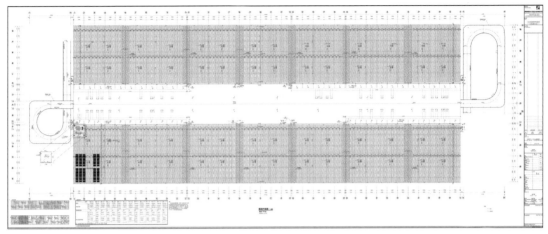

图 5　屋顶天窗及太阳能板布置

75% 以上。办公室内靠窗的灯具，采用独立开关控制。办公室内照明开关按照所控灯列与主采光窗平行方式进行控制。

目前建成的工业项目一般没有按照各系统分别设置配电装置，导致不能区分系统设备的能耗分布，不能分析和及时发现能耗的不合理处。而本项目采用动力、照明、水泵、空调风机等在变电房低压配电出线回路安装分项计量表。用能分类、分项计量不仅可以优化生产管理和控制，更有利于能耗的比较和分析，为进一步节能提供指引。

4　节材与材料资源利用

《绿色工业建筑评价标准》GB/T 50878—2013 与 LEED 认证在"节材"认证上有本质的区别。虽然，两者均强调材料的就地利用以减少运输过程中的能耗，以及健康材料的使用，但《绿色工业建筑评价标准》GB/T 50878—2013 节材评估重在源头控制建筑材料的总量，而 LEED 认证标准则重在后期材料的回收利用。

《绿色工业建筑评价标准》GB/T 50878—2013 的金级（二星级）主要强调减少建筑材料的使用量，比如强制项中就强调建筑造型的简约以及减少装饰性构件的使用。得分项中，高强钢、高性能混凝土的使用、土建装修一体化、办公商业强调的灵活隔断以及消耗资源较少的结构体系等，均强调"总量"的减少。LEED 认证重在强调材料的回收利用，包括强调提高旧建筑与拆除建筑物时建材的回收利用率，分值占该类别的 38.46%。如果包括施工废弃物的管理和材料的回收利用，则高达 76.92%。

废旧物处理制度是与节能、节水、节材制度并行的管理制度。运行管理阶段的工作重点是制定合理的控制策略和运行管理制度，又由于绿色建筑评价基于工程项目的全生命周期，废旧物处理制度也应该贯穿整个项目周期。

工业建筑中，尤其是梁使用高性能混凝土或高强度钢，能减少材料用量，项目整体外围护结构采用钢结构压型钢板，屋顶为钢结构，使用可再循环材料可以减少生产加工新材料对资源、能源的消耗和对环境的污染，对于建筑的可持续发展具有重要的意义（图 6）。

项目在主体仓库两侧坡道下各设置垃圾房一处，并设置 5 种回收垃圾桶，分别为纸张、硬纸板、金属、玻璃、塑料。

图 6　压型钢板钢结构外围护立面

5　室内环境质量

　　《绿色工业建筑评价标准》GB/T 50878—2013 的金级（二星级）与 LEED 认证标准在"室内环境"认证上也有着显著的区别。如重庆市《绿色建筑评价标准》DBJ 50/T-066—2020 侧重于建筑物理环境的控制，包括日照、采光、通风和隔声等基本的条件，在得分项上也只着重强调了自然通风和室内采光的要求，只有在优选项上提高了室内环境的要求，如对室内环境的监测。

　　而 LEED-CS 认证除了对室内的通风、采光、视野等有要求以外，对室内环境包括设计和施工以及后期的运营均提出了严格的要求，如施工过程中的空气质量控制，使用装修材料有害物质的控制，以及室内污染源的控制与消除措施等，以保证施工的健康和使用的安全性。特别是污染源的控制和消除措施等均需要较大的投资成本，这也将显著地增加 LEED 认证项目的成本。LEED 认证中完全未考虑到噪声的影响，则较为直接地反映了两国间建筑业和城市环境所处的现状。

　　办公区内所有新风机组需设新风监测设备，测量精度为设定新风量的 ±10%，当实测新风量超出或不足设定新风量 15% 时，新风监测设备将发出报警。办公区所有人员密集空间包括会议室、休息室及开敞办公室等设 CO_2 浓度监测仪。CO_2 浓度监测仪需安装在离地 0.9 ~ 1.2m 处，当室内测量浓度超过设定浓度 10% 以上时，仪器将发出报警。办公区所有新风机组需配备中效(G4+F7)及以上等级过滤器，对室内新风进行过滤。

　　办公区域所有工位配置台灯，工位灯的位置和控制覆盖 90% 以上使用人数。

　　本项目全楼禁烟，在室外指定吸烟点。室外吸烟点设立在远离入口和活动窗口至少 9m 的地方（图7）。室内污染物控制措施是项目在建筑办公入口区设置防尘地垫，径深 3.1m；清洁间、复印间、厕所设置独立排风，并采用到顶的实体隔断。

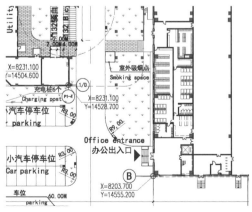

图 7　室外吸烟点

结语：

从投资回报角度，在外高桥保税区 75-76 号仓库项目中采用的有效绿色工业建筑技术策略包括以下内容：

短期回报（5 年或 5 年以下）：

· 高效 LED 灯具；

· 采光天窗 / 灯光控制；

· 高反射屋顶膜；

· 建筑和工艺设备的调峰策略；

· 增加建筑围护结构的 K 值（保温性能）；

· 设置充电桩。

长期回报（5 年以上）：

· 屋顶太阳能发电、供热或生活热水；

· 雨水收集用于灌溉或冲洗水；

· 低流量或无流量卫浴装置。

零成本，无形收益：

· 驾驶员等候区，配备便利设施，以减少卡车空转；

· 为员工提供室外指定休息区、吸烟点；

· 编制绿色宣传手册和宣传网页，普及绿色建筑和 LEED 认证。

参考文献：

[1] 日本可持续建筑协会 .Comprehensive Assessment System for Building Environmental Efficiency（CASBEE）[S].2003.

[2] 绿色工业建筑评价标准 GB/T 50878—2013[S]. 北京：中国建筑工业出版社，2013.

[3] 工业建筑节能设计统一标准 GB 51245—2017[S]. 北京：中国计划出版社，2017.

图片来源：

图片来源于方案团队设计制作。

7

社区共享智慧装置：零排放木盒子

陈峥嵘

摘　要：零排放木盒子是建学与阿里云共同研制推出的多功能社区共享智慧装置，是一种利用光伏实现能源自给的模块化装配式独立建筑功能体。零排放木盒子不占用建设用地，以园林装置小品的身份分布于社区提供必要的社区配套，是城市更新中一项重要的手段。不同于普通建筑，模块化的木盒子可以快速拼装、移动，甚至可以临时改变用途。根据社区需求木盒子可变身为无人超市、共享健身房、图书馆、社区诊所、四点半客堂、共享会客厅、咖啡简餐厅等独立功能模块，为社区配套尤其是老旧小区有机更新提供了一种灵活多变的解决方案。

本文介绍的零排放木盒子采用预制装配式木结构建造体系及被动式超低能耗建筑技术，建设过程中现场结构木墙体体系实现全装配，在使用状态下能耗远低于一般公共设施，仅靠光伏实现恒温、恒湿、恒氧、恒洁、恒静的高品质室内环境，并且建设运营全过程实现零碳排放，为中国尽快实现碳达峰做出了贡献。

关键词：零排放，模块化多功能，太阳能，预制木结构

随着国民环保意识逐步增强、国家对环境保护重视程度的不断提高，国家制定和修订了一系列环境保护法律法规、政策和规范性文件，对环保产业的发展起到了至关重要的积极作用。在今年的全国两会中，碳达峰、碳中和是主要**关键词**，2021 年政府工作报告指出，要"扎实做好碳达峰、碳中和各项工作"，在国家建设过程中始终将节能减排放在重要位置，贯彻绿色环保的理念，"中国二氧化碳排放力争于 2030 年前达到峰值，努力争取 2060 年前实现碳中和"。

根据统计，目前全球已经有 54 个国家的碳排放实现达峰，占全球碳排放总量的 40%。中国、新加坡等国家承诺在 2030 年以前实现达峰，届时全球将有 58 个国家实现碳排放达峰，占全球碳排放量的 60%。当前我国的电力结构仍以燃煤机组为主，据相关数据显示，在我国的大气污染物总排放量中，火电行业占比为 90% 以上。太阳能在近年来的发展速度正在快速攀升，作为代表性的可再生能源技术，在国内的应用已越来越广泛，也为当下电力系统的碳排放方面带来了巨大的改变，其在电力结构中占据的位置将越来越重要。为了尽早实现碳达峰，改善电力结构刻不容缓。

本文介绍的零排放木盒子采取 10x10 模数，单层面积 100m²，内部包含：阿里无人超市、共享健身房和共享会客厅三个功能空间，未来根据居民需求可以将木盒子变身为图书馆、社区诊所、四点半客堂、共享会客厅、咖啡简餐厅等独立功能模块。木盒子采用预制装配式木结构建造体系及被动式超低能

耗建筑技术解决方案，实现了建筑内部采暖制冷等能源需求与建筑外部光伏电板 + 蓄电池能源供给的平衡。木盒子自身的超低负荷为清洁能源和可再生能源的使用创造了前提条件。零排放木盒子采取被动式超低能耗建筑技术解决采暖制冷负荷，仅靠光伏实现恒温、恒湿、恒氧、恒洁、恒静的高品质室内环境，并且建设运营全过程实现零碳排放，力求木盒子从设计建造到落地运营全过程零排放，为中国 2060 年前实现碳中和积极倡导的绿色低碳生活方式贡献智慧方案。

1　零排放木盒子构造及设计方案

零排放木盒子由多个功能区块组成，可为一定范围内的居民提供各种生活服务，兼具娱乐性、便利性、舒适性等多个利民属性。图 1 所示为零排放木盒子的设计外观，图 2 为建成实景图，外墙采用 140 厚 BASF 硬泡聚氨酯保温，幕墙采用中空玻璃高性能断桥铝合金门窗系统，并进行气密处理，降低能耗。

采用的预制装配式木制结构具有以下优势：

（1）构造设计以及安装简易，施工安装速度远远快于混凝土结构和砖结构，且结构自重小，设计布置十分灵活，可以较为方便地拆装。

（2）模块化安装，对场地适应性强，有利于对老旧城区及小区的改造。

（3）低导热性，隔热保温性能好。木材的隔热值为混凝土的 16 倍，钢材的 400 倍，铝材的 1600 倍，可有效保持室内温度，从而大幅减小采暖及制冷能耗，达到低碳目的。

（4）建造的综合成本低，木材的价格低于钢材、混凝土，可有效节约建筑成本。

图 1　零排放木盒子设计外观

图 2　零排放木盒子建成实景

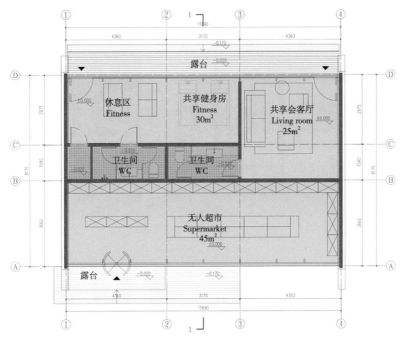

图 3　零排放木盒子平面设计图

（a）入口檐廊　　　　　　　　　　（b）屋面光伏发电组件

图 4　零排放木盒子实景图

（5）结构装饰一体化，二次施工少，干式施工，预制化高。

（6）木材自身具有 12% 含水率，不需任何防腐剂。

（7）防火性能和力学性能好，耐久性高，抗震性强，同时可以平衡室内湿度。

图 3 所示为零排放木盒子的平面设计图，主要包含三个部分：无人超市、共享健身房和共享会客厅。三个区域入口相隔较近，可快速抵达，节约大量时间。在结构布局上，占地面积最大的无人超市空间需求较高，布置在盒子北侧，面积约为 45m²，共享会客厅及共享健身房布置在盒子的南侧，面积分别为 25m²、30m²，总占地面积为 100m²。木盒子采取斜屋顶南北外倾造型，使木盒子呈现动感姿态，屋面的角度正好适合安装光伏发电组件；南北向挑出的墙体围合屋面挑檐构成了入口檐廊（图 4）。

高度集成化的木盒子仅需要 3 ～ 4 天即可完成装配达到使用效果，可回收的钢螺栓基础使得它的安设位置较为灵活，易于布置在小区的任何庭院空间。方正的室内空间具有超高的利用率，居民可在不到 100m² 的空间中完成日常用品的采购、健身锻炼、访友会谈等多项社区活动，提升了生活的便利性（图 5、图 6）。

图 5 零排放木盒子室内实景图

（a）无人超市购物流程
客户通过刷脸进店、自由选品、自助结账、刷脸出门进行自由购物

（b）无人超市自助结算系统
手持商品到自助结算台扫商品条形码进行支付宝或微信刷脸 / 付款码支付

（c）无人超市综合防盗系统
视觉 + 重力综合防盗，而不是 RFID 技术，商品不需要贴任何防盗码

图 6 无人超市应用方案

由于木结构易于拆装的特性，木盒子的模块设计十分灵活，除了本文所展示的无人超市、共享健身房和共享会客厅，还可以加入图书馆、直播间、活动室、社区礼堂等功能区，各类公共设施的加入能够增强木盒子的泛用性，使其满足不同人群的需求。此外，将不同区块整合到一处也能为城市规划节省更多的空间，正是由于其易于改造、占地较少的特点，零排放木盒子还适用于旧城区的改造、老旧社区的改造以及小镇景区的更新，使城市、社区能更好地服务于民。

2 零排放木盒子节能效率分析

零排放木盒子设计严格按照德国 PHI 标准要求，在低能耗和高舒适度的标准下成为国内首例零排放被动式超低能耗预制装配式木结构无人超市。在低能耗的设计原则下，建筑具备了卓越的隔热保温性能、优良的建筑气密性以及无冷热桥的构造和设计。由于对采光和遮阳有较高标准，零排放木盒子中均采用较高性能的门窗。结构中包含高效且带热回收的新风系统。而高舒适度设计标准则是指室内温度夏季不高于 25℃，冬季不低于 20℃。对于湿度，室内的相对湿度恒定在 40%～60%。室内外 50Pa 压差情况下建筑每小时换气量不大于 0.6 次，二氧化碳含量小于 1000ppm，室内空气流动速度小于 0.30m/s，即没有吹风感觉。此外，建筑的一次能耗不大于 120kWh/（$m^2 \cdot a$）。

采用被动式超低能耗建筑的优势在于，其相比常规建筑节约了 80% 以上的采暖制冷能耗，减少了建筑运行阶段所需的能源，在中国冬季采暖需求大的北方和夏季制冷需求大的南方，能极大地减少能源消耗。同时，建筑室内达到了恒温、恒湿、恒氧、恒静、恒洁的五恒舒适度标准。

无人超市中配置 44 块单晶硅 330W 太阳能发电板和 20 组铅酸蓄电池，在使用过程中包含了三种模式：（1）日间太阳能光伏电板供给无人超市用电，并为蓄电池充电；（2）夜间蓄电池与市政电网供给无人超市用电；（3）日间离网太阳能光伏电板与蓄电池供给无人超市用电。通过三种模式的循环使用，实现了无人超市的能源供给平衡。在此方案下，无人超市的能耗指标如表 1 所示。

对于一家中小型超市，制冷和采暖占据总能耗的 70% 以上，照明占据 15%，而由于使用了具有良好隔热性的木结构，无人超市在减少采暖和制冷能耗方面有着天然优势，可有效节约用电，减轻能源供给的压力。据统计，如果使用燃煤发电，每一度电的生产需要二氧化碳排放量约为 0.75 kg，且火力发电转换效率较低。而配置了太阳能发电板、使用清洁能源的智慧盒子避免了温室气体的排放，秉持了低能耗的设计原则。此外，生产 $1m^3$ 集成木材仅消耗 8～30kWh 电量，同时 1t 木材可以吸收 1.9t 二氧化碳，因此低能耗、高舒适度的木结构建筑对实现生态文明具有重要意义。

零排放木盒子能耗基本参数　　　　　　　　　　　　　　　　　　　　表 1

建筑采暖制冷面积（m^2）	建筑采暖需求 [kWh/（$m^2 \cdot a$）]	建筑采暖负荷（W/m^2）	建筑制冷除湿需求 [kWh/（$m^2 \cdot a$）]	建筑制冷负荷（W/m^2）
88.3	28.44	24	37.45	20
	建筑气密性	建筑一次能耗需求 [kWh/（$m^2 \cdot a$）]	建筑可再生一次能耗需求 [kWh/（$m^2 \cdot a$）]	可再生能源产能 [kWh/（$m^2 \cdot a$）]
	n50 ≤ 0.6/h	112	62.42	27

结语：

本文介绍了运用在杭黄未来社区中的一项创新装置——零排放木盒子，零排放木盒子包含无人超市、共享健身房、共享会客厅，也可以容纳更多不同功能的模块，包括图书馆、礼堂、直播间等功能。盒子的模数也是灵活多样的，一般城市公共空间、社区公共空间可以设置多个大小不一、充满趣味的功能盒子，零排放木盒子采取阿里无人化管理，人脸识别技术为社区居民生活配套及社区管理带来了极大的便利。

零排放木盒子非常适合在城市更新、老旧小区改造项目中作为临时或半永久性构筑物，其具有：造价低、建设快、功能灵活等特点，关键是被动式措施使建筑能够靠光伏实现自给自足。同时木结构的建造和使用过程完全实现零排放，不影响居民的日常生活，利于社区环境友好和谐。其次，该体系按照PHI认证要求，极低的碳排放量和节能策略在为国家省下大量电力资源的同时也有利于保护环境，贯彻了绿色低碳的生活理念，对居民的身心健康都起到了保护作用，响应了可持续发展战略。综上所述，零排放木盒子的定义是实现自循环的城市容器装置，是未来城市更新、老旧小区改造的创新思路。

参考文献：

[1] 张亮．全球各地区和国家碳达峰、碳中和实现路径及其对标准的需求分析 [J]．电器工业，2021，（8）：64-67.

[2] 白梓岑．专家聚焦碳中和共识下能源转型之路 [N]．经济参考报，2021-08-17.

[3] 毛剑，杨勇平，侯宏娟，等．太阳能辅助燃煤发电技术经济分析 [J]．中国电机工程学报，2015，35（6）：1406-1412.

[4] You Y, Hu E J . Thermodynamic advantages of using solar energy in the regenerative Rankine power plant[J]. Applied Thermal Engineering, 1999, 19（11）: 1173-1180.

[5] Hu E, Yang Y P, Nishimura A, et al. Solar thermal aided power generation[J]. Applied Energy, 2010, 87（9）: 2881-2885.

[6] 崔凝，徐国强，马士英．DSG 型抛物面槽式太阳能热电站热力系统实时动态仿真模型研究 [J]．中国电机工程学报，2014，34（11）：1787-1798.

[7] 阎秦．太阳能辅助燃煤发电系统热力特性研究 [D]．北京：华北电力大学（北京），2011.

[8] 赵雅文，洪慧，金红光．中温太阳能升级改造火电站的变辐照性能分析 [J]．工程热物理学报，2010，31（2）：213-217.

[9] Hou H J, Yu Z Y, Yang Y P, et al. Performance evaluation of solar aided feedwater heating of coal-fired power generation（SAFHCPG）system under different operating conditions[J]. Applied Energy, 2013, 112（DEC.）: 710-718.

[10] 崔映红，陈娟，杨阳，等．太阳能辅助燃煤热发电系统性能研究 [J]．中国电机工程学报，2009，29（23）：92-98.

[11] 侯宏娟，高嵩，杨勇平．槽式集热场辅助燃煤机组回热系统混合发电热性能分析 [J]．太阳能学报，2011，32（12）：1772-1776.

[12] 崔映红，杨勇平，杨志平，等．太阳能辅助燃煤一体化热发电系统耦合机理 [J]．中国电机工程学报，2008（29）：99-104.

图片来源：
图片来源于方案团队设计制作及拍摄。

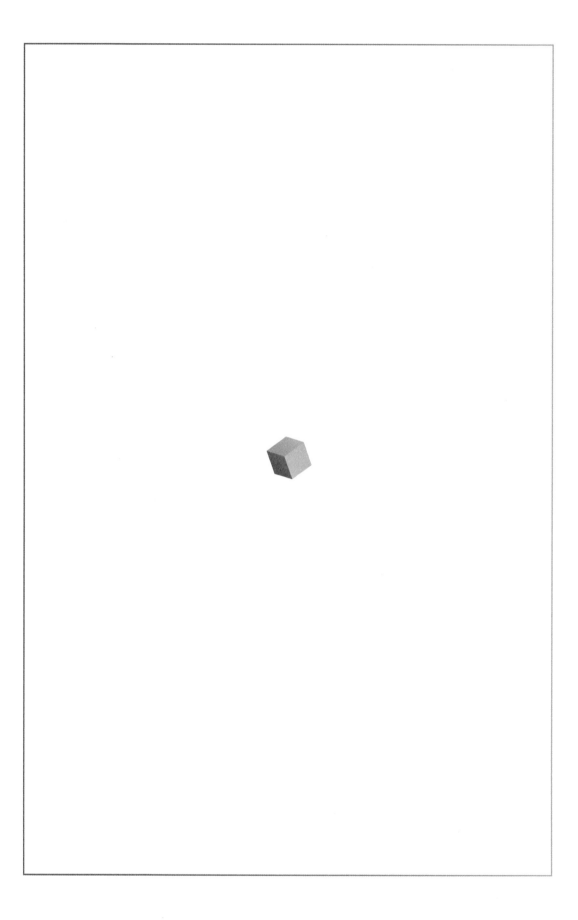

后 记

2019 绿色建筑新标准提出了"安全耐久、健康舒适、生活便利、资源节约、环境宜居"五大指标体系，不仅制定了硬性的技术标准，还包含安全健康、公平共享等软性的人文指标。"可度量的绿色建筑"迈向了"可感知的绿色建筑"，反映了我国可持续发展战略的深化，也体现了十九大提出的提升建筑品质、提高百姓幸福感的主旨。

本书的核心内容是建学近年来在绿色建筑方面的实践成果、研究心得以及对未来的设想，内容涵盖了城市运营策划、社区规划、建筑设计、技术细节、建成绿色建筑的调研评估等多个方面，几乎在城市与建筑全生命周期的各个阶段都有相应的思考。其中，思考维度的拓宽和变化是最大的亮点，呈现出从"技术导向""质量导向"转变为"研究导向""品质导向"的趋势，契合了"可感知的绿色建筑"的发展方向。设计师从被动地匹配技术规范的执行者，转变为能主动建立绿色和可持续目标的决策参与者；从单纯地实现客户需求的旁观者，转变为能协同各方、与用户感同身受的亲历者；从满足现实条件与需求的技术解决者，转变为勇于"塑造未来"的战略规划者。

这种转变既是建学各位前辈、各位同仁在绿色建筑之路上不懈坚持、努力与智慧的成果，也是我国探索可持续发展道路的一个小小缩影。